전지적 코딩시점

* 일러두기

1. 이 책에 나오는 스크래치 코딩을 여러분이 직접 해보기 위해 사용할 예제 파일은 《전지적 코딩 시점》 네이버 공식 카페(https://cafe.naver.com/bookbear)에 **가입하고 [자료실] 내에서 다운받을 수 있습니다.**

2.《전지적 코딩 시점》 네이버 공식 카페(https://cafe.naver.com/bookbear)에서 책과 관련된 내용의 강의를 들을 수 있습니다.

3. 이 책은 스크래치 3.0 최신 버전(2022년 2월)을 기준으로 설명합니다. 버전에 따라 블록의 이름이 조금 다를 수 있습니다.

4. 이 책에 사용된 일러스트 중 일부는 프리픽(https://www.freepik.com)과 플랫아이콘 (https://www.flaticon.com), 음악은 벤사운드(https://www.bensound.com) 사이트에서 다운받아 사용했습니다.

이희진 ·소정숙 지음

자유의 길
Media Contents Group

차례

1부 예술 코딩

들어가며

코딩은 내가 만들고 싶은 걸 도와주는 마술 지팡이 같아요!

만약 내가 그린 그림이 화면에서 움직이고 말도 한다면 얼마나 좋을까요? 누구나 낙서처럼 그림을 그려보곤 하지요. 제 전공은 컴퓨터공학이지만 저 역시 어린 시절, 하얀 도화지와 크레파스를 가지고 뭐든 그려보며 놀던 기억이 납니다. 가끔은 그림을 오려서 동생과 연극도 해보곤 했는데요.

코딩은 여러분의 상상력과 창의력이 주어진 환경에 얽매이지 않고 펼쳐 나가도록 도와주는 마법 지팡이와 같답니다. 때로는 친구가 되어 함께 숨바꼭질 놀이도 하고, 술래잡기도 할 수 있고, 같이 여행을 떠날 수도 있어요. 코딩은 딱딱하고 어려운 것이 아니라, 내가 좋아하고 만들고 싶은 것을 도와주는 도구입니다. 미술을 좋아하는 친구에겐 멋진 작품을, 동화를 좋아하는 친구에게는 멋진 이야기를, 상상력이 풍부한 친구에게 멋진 미래를 꿈꾸게 해준답니다.

코딩 이렇게 배우면 참 쉽다! 인문학 스토리텔링 기반 융합 코딩

저희는 코딩과 미술의 SW(소프트웨어)융합 수업을 하면서, 코딩을 어떻게 배우면 좀 더 쉽고 재미있게 즐길 수 있을지 고민했습니다. 아이들에게 보다 친숙한 소재로 유아와 초등 아이들이 자신이 직접 만든 미술작품을 움직여볼 수 있다면 코딩에 더 흥미가 생기지 않을까?라는 질문에서 시작했고, 제가 전공한 미술에 코딩을 융합하는 콘텐츠를 더해본다면 저와 같은 비전공자에게도 코딩이 어렵지 않을 것 같다는 생각을 했습니다. 더욱 깊이 있게 콘텐츠를 연구하는 과정에서 《고양이와 배우는 기발한 미술사》 책을 알게 되었고, 각 단원의 미술사마다 등장하는 고양이 캐릭터에 매료되어 예술 코딩 프로젝트를 만들어 놓고 보니 결과물이 너무나도 재미있었습니다. 이렇게 해서 예술, 문학, 과학으로 주제가 확장된 《전지적 코딩 시점》을 소개하게 되었지요.

코딩은 다양한 분야에 활용되며 문제 해결을 도와줘요!

현재 코딩은 어떤 한 분야에만 쓰이는 것이 아니라 다양한 분야에서 활용되어 우리 생활에 편리함과 도움을 줍니다. 프로그램을 만들어가면서 부딪히게 되는 문제를 해결하는 과정이 어려울 수도 있지만, 실패하고 또 도전하면서 문제 해결 능력이 자라게 되거든요. 하얀 도화지에 연필로 선을 그었어도 지우개로 지우고 다시 그릴 수 있는 것처럼, 잘 움직여지지 않아도 다시 한 번 시도해 보세요. 여러분의 도전을 응원하며 꿈이 성장하길 기대할게요.

왜 《전지적 코딩 시점》 책을 꼭 읽어야 할까요?

일반적으로 코딩 프로그래밍은 주로 기술면에 포커스가 있다면, 이 책은 여러분의 흥미와 상상력, 창의력을 발휘할 수 있도록 도와주는 책이에요. 내가 그린 그림을 움직이게 하고, 멋진 창작물을 만들 수 있으며, 다양한 분야와 융합해 사용하는 코딩의 다양한 쓰임새를 체험하게 됩니다.

《전지적 코딩 시점》에 나오는 설명을 따라 하나의 프로젝트를 완성하다 보면, 어느새 멋진 예술작품을 애니메이션으로 제작하고 있는 내 모습을 발견하고 신기하고 즐거운 마음이 들 거예요. 마지막으로 창의 미술 활동 부록에서는 코딩 프로그래밍 과정에서 구체적으로 표현하지 못했던 생각들을 코딩과 연결된 다양한 미술 창작 활동을 통해 새로운 학습 능력을 키우고, 경험을 쌓아갈 수 있습니다.

《전지적 코딩 시점》 은 다른 책과 이렇게 달라요!

이 책은 예술, 문학, 과학 코딩이 주제별로 구성되어 있어요. 시작 부분에서는 책의 구성과 특징을 한눈에 볼 수 있고, 주제별 프로그래밍 개념과 기능, 스크래치 따라해보기, 헷갈리기 쉬운 블록 바로 알기 등의 코너에서 코딩에 대한 전반적인 개념을 이해할 수 있습니다. 본문에서는 프로그래밍을 누구나 따라할 수 있게 순서대로 스크래치 세부기능들을 자세히 보여줍니다. 단원별로 담겨져 있는 스토리를 따라 코딩을 하다 보면 코딩에 담겨져 있는 개념과 알고리즘을 자연스럽게 익히게 되고, 중요한 블록은 '우리에게 필요한 마법 블록'에 부가 설명이나 도움말이 추가되어 있어 코딩하는 과정을 재미있게 즐길 수 있습니다. 부록에서는 코딩 프로그램과 연계된 컬러링 등의 창의미술 체험 활동을 소개하고, 코딩 자격 시험에 대한 간단한 소개와 샘플 문제도 준비했습니다.

《전지적 코딩 시점》 책을 읽고 나면 무엇이 달라질까요?

이 책을 읽고 나면 미술관에서 만날 수 있는 명화나 동화책 속 이야기를 나만의 이야기로 직접 재구성해 볼 수 있어요. 단순히 따라하기만 하는 코딩이 아니라 나만의 창작품으로 만들어 보는 코딩은 배움을 넘어 창작하는 즐거움을 깨닫게 해준답니다. 단원마다 깊이 있는 그림 및 문학, 과학의 인문학 이야기가 숨겨져 있어 여러분의 상상력과 창의력을 키우는 데 많은 도움이 될 거예요. 그림 그리기를 좋아하는 친구, 음악을 연주하고 싶은 친구, 동화책을 보며 나의 이야기를 만드는 친구, 멋진 미래를 상상하는 친구들에게 꼭 권하고 싶은 책입니다.

이 책의 구성과 특징

① 학습내용

해당 단원에서 배울 내용에 대한 전체 실행화면을 미리 보면서 학습에 대한 흥미와 이해도를 높여줍니다.

② 문제해결

해당 프로젝트를 해결하기 위해서, 스토리보드를 어떻게 구성하고 어떤 순서로 해야하는지 알려줍니다.

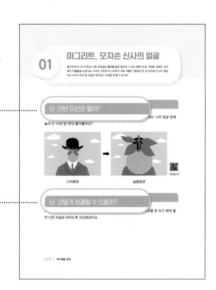

③ 꿀 마법

다른 방식으로 어떻게 활용할 수 있는지 구체적인 방법을 안내합니다. 다른 방법으로 바꿔보기, DIY할 수 있는 부분 생각해서 업그레이드 또는 자신만의 프로그램으로 완성할 수 있는 팁을 소개합니다.

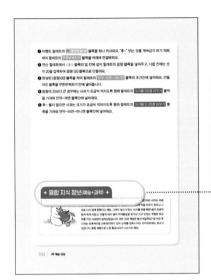

❹ 융합 지식 정보

연관된 융합지식정보를 통해 사고의 확장을
도와주고, 코딩을 직접 해볼 때 참고할 내용,
주의할 사항을 담았습니다.

❺ 창의미술 활동

예술 프로젝트와 연관해서 창의력을 높여주
는 미술 활동지를 제공해 이용자의 상상력과
응용력을 키워줍니다.

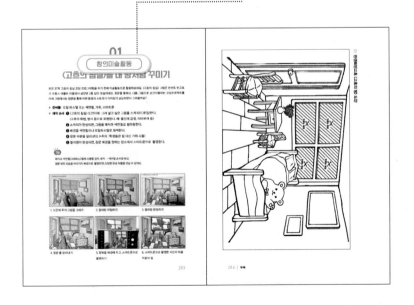

주제별 프로그래밍 개념과 기능

구분	주제	프로그래밍 개념	스크래치 기능
1부 예술 코딩	1. 마그리트, 모자 쓴 신사의 얼굴	순차구조, 이벤트	**[비디오감지]** [형태] 모양바꾸기 [이벤트] 키를 눌렀을 때
	2. 고흐의 침실, 창문 너머 별이 빛나는 밤	이벤트, 반복구조, 선택구조	[제어] 반복하기, 조건 [동작] 움직이기, 이동하기, 회전하기, 방향보기 **[이벤트] 신호 보내기** [형태] 배경바꾸기, 숨기기, 보이기, 효과바꾸기, 크기바꾸기, 모양바꾸기 [소리] 재생하기
	3. 마티스, 행복을 담은 조각	이벤트, 순차구조	[형태] 순서바꾸기, 모양바꾸기, 효과바꾸기, 보이기, 숨기기 **[제어] 복제하기** [동작] 이동하기 [비디오감지] [이벤트] 키를 눌렀을때
	4. 칸딘스키, 그림 속 음악 소리	이벤트, 반복구조, 난수	[이벤트] 스프라이트 클릭, 신호 보내기 [형태] 모양바꾸기, 효과바꾸기, 순서바꾸기, 크기 바꾸기 [동작] 회전하기, 방향보기, 움직이기, 이동하기 **[음악] 악기정하기, 연주하기** [연산]난수 [제어] 반복하기, 기다리기
	5. 모네, 발레 고양이	이벤트, 반복구조, 선택구조	[동작] 이동하기, 회전하기, 움직이기, 방향보기 **[제어] 반복하기, 조건, 기다리기** [이벤트] 스프라이트 클릭 [형태] 모양바꾸기, 말하기, 효과바꾸기 [감지] 마우스클릭 [소리] 재생하기
	6. 옵아트, 다른 그림 찾기	반복구조, 선택구조, 타이머	[형태] 모양바꾸기, 모양이름, 말하기 [제어] 반복하기, 복제하기 [연산] 난수, 비교연산, 논리연산 **[감지] 클릭했는가, 타이머 초기화** [동작]이동하기

구분	주제	프로그래밍 개념	스크래치 기능
2부 문학 코딩	7. 어린 왕자, 장미꽃 보살피기	이벤트, 반복구조, 선택구조, 난수	[제어] 반복하기, 기다리기, 조건 [형태] 모양바꾸기, 말하기, 순서바꾸기, 보이기, 숨기기 **[연산] 난수, 비교연산** [동작] 방향보기, 움직이기, 회전하기, 이동하기, 좌표 [감지] 상태, 키감지, 닿았는가 [이벤트] 신호 보내기
	8. 헨젤과 그레텔, 마법사와 함께 쿠키 만들기	반복구조, 선택구조	[이벤트] 키를 눌렀을 때 [형태] 말하기, 배경바꾸기, 크기바꾸기, 모양바꾸기 [제어] 반복하기, 조건, 기다리기, 멈추기 [감지] 마우스클릭, 키보드클릭 [동작] 이동하기, 방향보기 **[펜] 도장찍기, 지우기** [형태] 모양바꾸기, 배경바꾸기, 말하기, 보이기, 숨기기 [연산] 난수
	9. 백설공주, 잠자는 공주를 깨우자	반복구조, 선택구조, 리스트	[형태] 모양바꾸기, 순서바꾸기, 효과바꾸기, 보이기, 숨기기 [동작] 이동하기, 회전, 방향보기 [제어] 기다리기, 반복하기, 조건, 멈추기 [이벤트] 클릭, 신호 보내기 **[리스트] 리스트숨기기, 항목포함체크, 리스트보이기, 항목 추가하기, 리스트 길이** [변수] 변수 정하기, 변수 바꾸기 [연산] 난수 [감지] 닿았는가
	10. 오즈의 마법사, 신비한 마법의 나라로	반복구조, 선택구조,	[동작] 이동하기, 방향보기, 회전 [감지] 닿았는가, 음량 [제어] 반복하기, 조건 **[형태] 효과바꾸기** [연산] 사칙연산
	11. 빨간 망토, 늑대를 조심해	반복구조, 선택구조, 논리연산	[동작] 방향보기, 움직이기 [형태] 순서바꾸기, 말하기, 보이기, 숨기기 **[감지] 색에 닿았는가** [제어] 반복하기, 조건, 멈추기, 기다리기 [연산] 논리연산, 난수

구분	주제	프로그래밍 개념	스크래치 기능
3부 **과학 코딩**	12. 이상한 가게, 신기한 스마트폰으로 장보기	반복구조, 선택구조, 좌표의 이해	**[동작] 이동하기** [형태] 모양바꾸기, 크기정하기, 말하기, 순서바꾸기 [감지] 닿았는가, 마우스클릭 [제어] 반복하기, 조건, 기다리기 [연산] 난수
	13. 우주 여행, 외계인을 피해 비행사를 구출하자	이벤트, 반복구조, 선택구조, 배경이동	[이벤트] 클릭, 신호 보내기, 신호 받았을때 [형태] 보이기, 숨기기, 순서보내기, 모양바꾸기, 말하기, 효과바꾸기 **[동작] 배경움직이기, 이동하기** [제어] 반복하기, 조건, 기다리기, 멈추기 [감지] 키눌렀는가, 닿았는가 [변수] 변수정하기, 변수 바꾸기 [연산] 비교연산, 난수
	14. 스마트룸, 인공지능 스피커야 내 방을 꾸며줘	이벤트, 반복구조, 선택구조, TTS 기능, 입력	[동작] 이동하기, 회전 [감지] 키눌렀는가, 다른 스프라이트와의 거리, 묻고 기다리기, 닿았는가 [연산] 비교연산, 난수 [제어] 반복하기, 조건, 기다리기, 복제하기 [이벤트] 신호 보내기, 키이벤트 **[Text to Speech] 말하기** [형태] 모양바꾸기, 보이기, 숨기기, 말하기
	15. 캠핑카, 가족과 함께 캠핑장으로 출발	이벤트, 반복구조, 선택구조, 함수화	[형태] 모양바꾸기, 순서바꾸기, 크기정하기, 보이기, 숨기기 [동작] 이동하기, 방향보기 [제어] 반복하기, 복제하기, 마우스클릭, 기다리기, 조건, 멈추기 [연산] 논리연산, 비교연산, 난수, 결합하기, 산술연산 [변수] 변수정하기, 변수바꾸기 [Text to Speech] 말하기 [이벤트] 신호 보내기, 배경이 바뀌었을때 [감지] 키눌렀는가 **[내블록] 내블록 만들기**

난생 처음 스크래치 따라하기

스크래치는 미국 MIT 미디어 연구소에서 만든 프로그래밍 언어 중 하나예요. 처음 코딩을 만나는 학생들이 쉽고 재미있게 프로그래밍과 친해지게 하려고 만들었어요. 컴퓨터에게 내리는 명령들이 글자가 아닌 블록으로 되어 있어요. 알록 달록 코드 블록을 연결하면 캐릭터를 움직이고 말하도록 만들 수 있고, 스크래치로 누구나 게임, 애니메이션, 프로그램을 만들 수 있답니다.

스크래치 프로그래밍을 시작하려면 크롬 웹브라우저를 통해 스크래치 사이트에 접속해 온라인 에디터를 사용하거나, 오프라인 에디터를 다운받아 설치 후 사용할 수 있어요.
이 책에서는 스크래치 사이트에 접속해서 코딩하는 것으로 설명합니다.

스크래치 온라인 에디터 준비하기

크롬 브라우저를 실행하여 스크래치 사이트 http://scratch.mit.edu 에 접속해요.

▶ Step1 가입하기

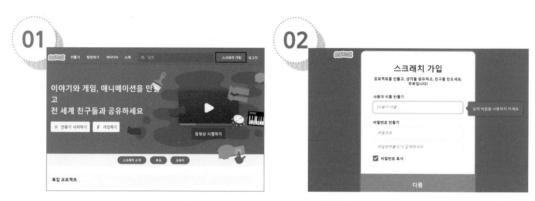

💬 스크래치 가입을 클릭해 사용자 이름과 비밀번호를 만들어 입력합니다.

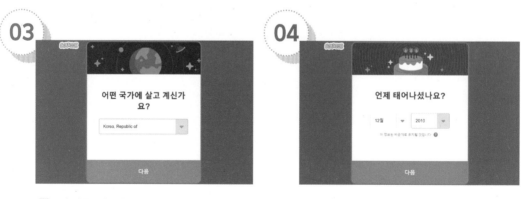

💬 나라를 선택합니다.

💬 태어난 년, 월을 선택합니다.

05

💬 성별을 선택합니다.

06

💬 이메일을 입력 후 계정만들기를
클릭합니다.

07

💬 입력한 이메일로 스크래치 계정 인증
메일을 확인하고 Cofirm my account(계정 인증)
버튼을 누릅니다.

08

💬 이제 스크래치를 시작할 수 있습니다.

▶ Step2 스크래치 실행

01 스크래치 가입을 했다면 로그인
을 클릭해 사용자 이름과 비밀
번호를 입력해요.

02 새 프로그램을 만들려면 '만들기'
를 클릭합니다. 자, 이제 스크래
치 프로그램을 만들어볼까요.

03 언어를 바꿔요. 명령 블록과 스크
래치 메뉴의 언어를 한국어로 바
꾸어요. 지구본 모양을 클릭하여
한국어를 선택해요.

▶ Step3 스크래치 살펴보기

01 메뉴

❶ 스크래치 홈페이지로 이동해요.

❷ 지구본을 클릭하면 스크래치 메뉴와 명령 블록의 언어를 바꿀 수 있어요.

❸ **파일** : 프로젝트를 새로 만들거나, 저장할 수 있어요.

❹ **편집** : 작업한 것을 되돌리거나 터보모드를 켜서 빠르게 실행시킬 수 있어요.

❺ **튜토리얼** : 스크래치 사이트에서 제공하는 예제가 들어 있어요.

❻ **프로젝트 제목** : 프로젝트의 제목을 입력해요.

❼ **공유** : 내 프로젝트를 다른 사람과 공유할 수 있어요.

❽ **프로젝트 페이지 보기** : 프로젝트의 사용방법, 참고사항을 입력할 수 있어요.

❾ **내 작업실** : 내가 만든 프로젝트들을 볼 수 있어요.

❿ **내 계정** : 내 정보를 확인, 계정정보를 수정, 로그아웃 할 수 있어요.

02 블록 팔레트

  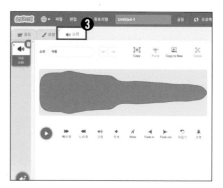

❶ 코드탭 : 9가지 카테고리로 구분된 명령 블록들이 있어요.

❷ 모양탭 : 스프라이트의 모양과 그림판이 나타나요. 스프라이트의 모양을 수정하거나 그릴 수 있어요.

❸ 소리탭 : 스프라이트의 소리 정보와 소리 편집창이 나타나요. 스프라이트가 다양한 소리를 낼 수 있게 해줘요.

03 스크립트 영역

명령 블록을 나열하는 공간으로 팔레트 블록에서 마우스로 드래그 하여 스크립트 영역에서 명령 블록들을 레고처럼 연결해요.

04 무대

프로젝트의 결과를 확인할 수 있는
공간이에요. 스프라이트와 무대는
작성된 스크립트에 따라 움직여요.

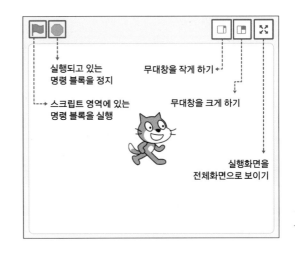

실행되고 있는
명령 블록을 정지

무대창을 작게 하기

스크립트 영역에 있는
명령 블록을 실행

무대창을 크게 하기

실행화면을
전체화면으로 보이기

05 스프라이트 영역

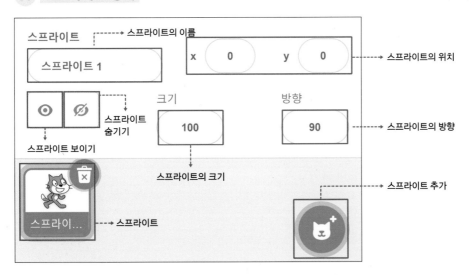

스프라이트 ----▶ 스프라이트의 이름

스프라이트 1

x 0 y 0 ----▶ 스프라이트의 위치

----▶ 스프라이트
숨기기

스프라이트 보이기

크기

100

방향

90 ----▶ 스프라이트의 방향

스프라이트의 크기

스프라이... ---▶ 스프라이트

스프라이트 추가

프로젝트에서 사용하고 있는 스프라이트 목록이 보여요. 스프라이트를 추가, 삭제할 수 있
고, 각 스프라이트의 이름, 위치, 보이기, 숨기기, 크기, 방향을 확인하거나 수정할 수 있어요.

06 배경영역

실행창에 보여지는 무대를 확인하고 새로운 무대를 불러 올 수 있어요.

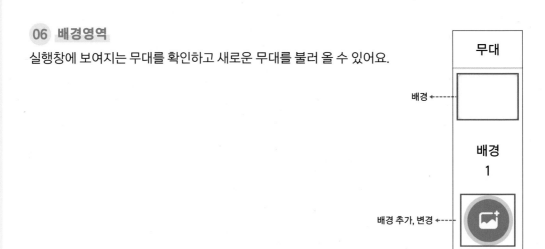

스프라이트 : 스크래치의 기본요소, 무대에서 움직이는 캐릭터
스크립트 : 스프라이트, 배경에게 지시하는 명령 모음

▶ Step4 내가 만드는 첫 프로그램

나를 소개하는 프로그램을 만들어 보아요.

01 휴지통 버튼을 클릭하여 고양이
스프라이트를 지워요.

02 새로운 스프라이트를 추가해요.

03 마음에 드는 캐릭터를 선택해요.

04 배경 추가 버튼을 클릭해요.

05 원하는 배경을 선택해요.

06 무대에 스프라이트와 배경을 확
인해요. 스프라이트를 클릭한 채
원하는 위치로 옮길 수 있어요.

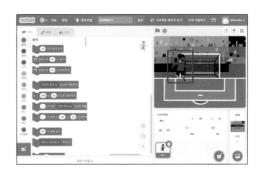

07 이벤트 팔레트를 클릭해 🚩클릭
했을때 명령 블록을 드래그해
스크립트창으로 가져다 놓아요.

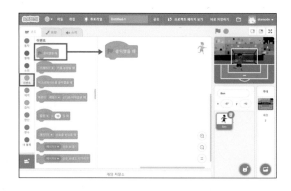

08 형태 팔레트를 클릭하여 안녕을
2초 동안 말하기 블록을 가져와
🚩클릭했을때 블록 아래에 연결
해요.

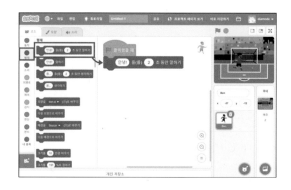

09 안녕! 글자를 지우고 나의 꿈을
입력해요.

10 동작 팔레트를 클릭하여 10만
큼 움직이기 블록을 드래그해서
연결해요.

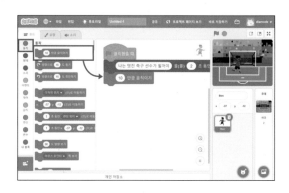

11 숫자칸에 100이라고 입력해요.
숫자가 클수록 많이 움직여요.
무대밖을 나가지 않는 범위내에
서 숫자를 바꿔보아요.
(50~200 사이)

12 형태 팔레트의 다음 모양으로 바
꾸기 블록을 연결해서, 스프라
이트 모습이 바뀌게 해요.

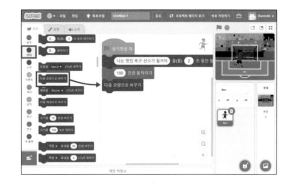

13 무대 위 초록색 깃발을 눌러서
나를 소개하는 프로젝트를 실행
해 보아요.

헷갈리기 쉬운 블록 바로 알기

01 모자처럼 생긴 시작 블록

머리가 동그란 블록들은 시작 블록이라고 해요. 아래에 다른 명령 블록들을 연결할 수 있어요. 수동으로 명령 블록들을 실행할 수 있지만, 일반적으로 시작 블록이 없으면 프로젝트를 시작할 수 없어요.

02 명령 블록이 보이지 않아요

블록이 보이지 않는다면 블록의 글자 옆에 있는 조그만 삼각형을 눌러보아요. 숨어있는 블록들이 보여요.

03 흰색 칸에는 내가 직접 입력하거나 다른 블록을 넣을 수 있어요

04 실행되고 있어요

코드 블록의 가장자리가 노란색으로 표시되어 있다면 이 블록이 현재 실행 중임을 나타내요.
무대의 초록색 깃발 옆 빨간 버튼을 누르면 프로젝트가 중단되고 노란색 가장자리 테두리가 사라져요.

05 유사한 블록에 주의하세요

이름이 비슷해서 실수하는 경우가 많아요. **만큼 바꾸기**는 현재의 상태에서 정해진 숫자만큼 바꾼다는 의미이고, **으로 정하기**는 정해진 값으로 변경한다는 의미해요. 둘은 다른 블록이니 주의하세요.

초 기다리기 블록은 지정한 숫자 초만큼 기다리는 블록이지만, **까지 기다리기**는 어떤 조건이 될 때까지 기다리는 블록이므로 구별해서 사용해요.

06 블록을 삭제하고 싶어요

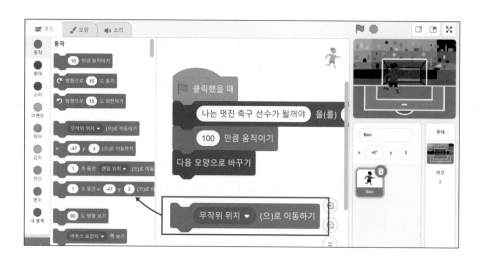

블록을 삭제하고 싶을 때는 스크립트에 있는 블록을 다시 블록 팔레트 영역으로 옮기거나 삭제하려는 블록을 클릭한 뒤 delete 키를 눌러줘요.

07 스프라이트를 꼭 확인해요

스크립트 창에서 코드 블록들을 연결할 때, 코드가 적용될 스프라이트가 맞는지 꼭 확인해요.

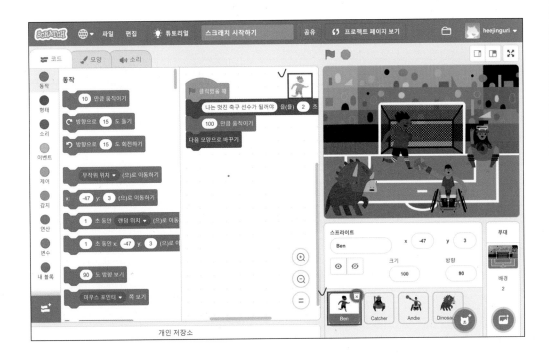

1부

예술 코딩

01 마그리트, 모자 쓴 신사의 얼굴

벨기에 화가 마그리트는 서로 상관없는 물체를 같은 공간에 그리는 데페이즈망 기법을 사용해 신비로운 작품들을 남겼어요. 우리도 이번에 마그리트의 대표 작품인 〈사람의 아들〉처럼 신사의 얼굴에 사과를 엉뚱하게 두어 호기심을 일으켜요. 사과 대신 포도, 바나나, 과일로 재미있는 코딩을 해볼 수 있어요.

❶ 이번 미션은 뭘까?

화면에 뭐가 보이나요? 검은 정장을 입고, 검정색 모자를 쓴 나의 모습이 있네요. 나의 얼굴 앞에 놓인 사과! 앙! 한입 물어볼까요?

시작화면

실행화면

미리보기

❷ 어떻게 해결할 수 있을까?

화면에 중절모를 쓴 내 모습이 보여요. 내 얼굴은 사과로 가려져 있네요. 사과를 앙! 하고 베어 물면 다른 과일로 바뀌도록 코딩해보아요.

프로젝트가 시작되면 웹카메라가
켜지며 무대에 내 얼굴이 보여진다.

얼굴을 찡그리거나 입을 크게
벌리면 여러 모양으로 바뀐다

❸ 우리에게 필요한 마법 블록

▶ 비디오 감지 기능

비디오 감지 기능을 추가하기 위해서 왼쪽 아래 버튼(확장기능 추가 버튼)을 클릭해 비디오 감지 기능을 선택해요. 비디오 감지 팔레트를 확인할 수 있어요.

팔레트	블록	기능설명
📹 비디오 감지	비디오 동작 > 10 일 때	카메라 앞에서 동작을 하면 이 블록이 자동으로 실행되어요. 숫자가 클수록 움직임을 크게 해야 블록이 실행되요.
	비디오 켜기▾	카메라 기능을 끄고 켜는 것을 의미해요.
	비디오 투명도를 50 (으)로 정하기	비디오를 켜면 무대 영역에 카메라 영상이 보여요. 비디오 투명도 값이 증가하면 점점 투명해지고 100일 경우 카메라 영상이 전혀 보이지 않아요.

참 고

컴퓨터에 내장 또는 외장 카메라가 장착되어 있어야 해요.

웹 브라우저에서 카메라를 사용할 수 있도록 설정해요. 브라우저 주소창에 다음과 같은 메시지가 나타나면

https://scratch.mit.edu/에서 카메라에 액세스하도록 계속 허용을 체크한 후 완료를 눌러줘요.

④ 코딩해보자

▶ 재료 준비하기

[파일]메뉴에서 [Load from your computer]를 클릭해 1_신사와 사과_예제.sb3 파일을 불러와요.

1_신사와 사과_예제.sb3

스프라이트

사과

신사

▶ Step1 신사의 얼굴에 내 얼굴이!

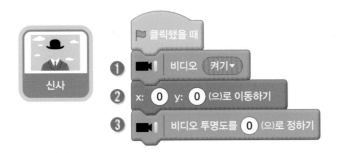

비디오 기능을 사용하기 위해 **우리에게 필요한 마법 블록**을 참고하여 비디오 감지 팔레트를 추가해요.(31쪽)

❶ 프로젝트가 시작되면 나의 얼굴이 무대에서 보여요. 이벤트 팔레트의 ⚑클릭했을 때 블록 아래에 비디오감지 팔레트의 비디오 켜기 블록을 연결해요.

❷ 신사 스프라이트가 무대의 중간에 위치하도록 동작 팔레트의 x:○ y:○ 으로 이동하기 블록을 연결하고 x:0 y:0 으로 이동하기 블록으로 바꿔줘요.

❸ 신사의 얼굴 부분에 나의 얼굴이 잘 나오도록 비디오감지 팔레트의 비디오 투명도를 0으로 정하기 블록을 연결해요.

▶ Step2 얼굴 앞에 놓여진 사과 냠! 한입 먹으면 다른 과일이 짠!

❶ 비디오감지 팔레트의 비디오동작〉50 일 때 블록은 움직임이 있을 때 아래 블록들을 실행해요. 자신의 움직임에 맞게 블록의 숫자를 조절할 수 있어요. 숫자를 크게 입력한다면 움직임을 크게 해야 블록이 실행되요.

❷ 입을 크게 벌리거나 얼굴을 흔들어서 움직임이 감지되었을 때 바나나, 포도, 사과 모양으로 바뀌어요. 형태 팔레트의 다음 모양으로 바꾸기 블록을 연결해요.

❸ 스페이스 키를 누르면 비디오 끄는 기능을 넣어보아요. 이벤트 팔레트의 스페이스 키를 눌렀을 때 블록 아래에 비디오감지 팔레트의 비디오 끄기 블록을 연결해요.

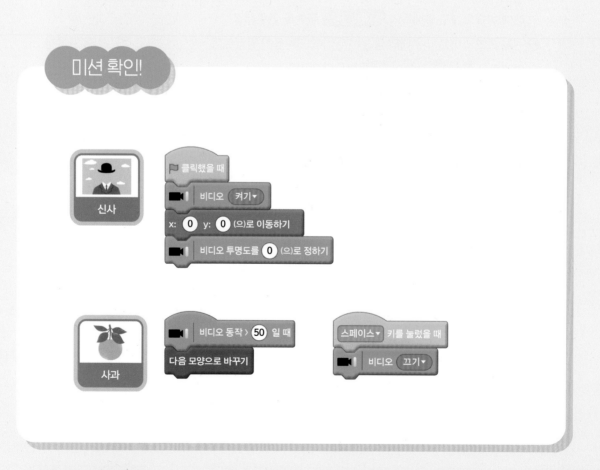

★꿀마법★

얼굴 앞에 있는 사과가 풍선이라면 어떨까요? 후~ 불어서 사과가 커지게 해보아요. 불지 않으면 사과가 조금씩 줄어들게도 해봐요.

참고

마이크의 소리에 따라 반응하므로 마이크가 동작하는지 확인하고 코딩해요. 마이크에 후~ 불면 사과가 커지고, 가만히 있으면 사과가 점점 줄어들어요.

❶ 이벤트 팔레트의 `클릭했을 때` 블록을 하나 꺼내와요. '후~' 부는 것을 계속 감지하기 위해 제어 팔레트의 `무한 반복하기` 블록을 아래에 연결해줘요.

❷ 연산 팔레트에서 `○>○` 블록의 앞 칸에 감지 팔레트의 `음량` 블록을 넣어주고, 다음 칸에는 숫자 20을 입력하여 `음량 >20` 블록으로 만들어요.

❸ 완성된 `음량 >20` 블록을 제어 팔레트의 `만약~라면~아니면` 블록의 조건 칸에 넣어줘요. 만들어진 블록을 `무한 반복하기` 안에 넣어줘요.

❹ 음량이 20보다 큰 경우에는 사과가 조금씩 커지도록 형태 팔레트의 `크기를 5만큼 바꾸기` 블록을 가져와 `만약~라면` 블록 안에 넣어줘요.

❺ 후~ 불지 않으면 사과의 크기가 조금씩 작아지도록 형태 팔레트의 `크기를 -0.5만큼 바꾸기` 블록을 가져와 `만약~라면~아니면` 블록 안에 넣어줘요.

+ 융합 지식 정보(예술+과학) +

대부분 과일은 씨앗에 싹을 틔우지 못하게 하는 물질이 붙어있어요! 사과도 처음엔 체리만큼 작아서, 곰이 통째로 삼켜 먹으면서 씨가 미처 싹을 틔우지 못하고 그대로 다시 땅에 묻혔다고 해요. 그러다 달고 맛있는 사과를 먹을 때면 곰이 조금씩 씹어 먹게 되었고, 이렇게 해서 발아 억제물질을 벗겨낸 크고 맛있는 우월한 유전자를 가진 사과만이 살아남았답니다. 이런 사과 색깔은 빨간색일까요? 덜 익은 풋사과는 초록색으로 산화방지제가 있어 신체를 정화시키고 다이어트에도 효과가 있답니다. 품종 개량으로 노란 황금사과가 나오기도 해요.

02

고흐의 침실,
창문 너머 별이 빛나는 밤

이번에는 코딩을 통해 누구나 좋아하는 빈센트 반 고흐 화가의 작품 속으로 예술 여행을 떠나 볼까
요? 고흐의 침실에 고양이가 들어가서 별이 빛나는 밤 풍경을 구경하고, 밤의 카페 테라스로 나가는
여정을 코딩으로 함께 즐겨 보세요.

① 이번 미션은 뭘까?

고양이가 고흐 아저씨 방에 있는 창문을 통해 밖으로 나가서, 순간 이동을 해서 고흐 아저씨의 대표
그림인 〈고흐의 침실〉, 〈별이 빛나는 밤에〉, 〈밤의 카페 테라스〉 명화 3개를 재미있게 감상하러 다녀
요. 〈고흐의 침실〉에서는 창문을 통해서 〈별이 빛나는 밤에〉 풍경으로 이동할 수 있고, 초생달을 터치
하면, 〈밤의 카페 테라스〉로 갈 수있어요.

시작화면

실행화면

미리보기

② 어떻게 해결할 수 있을까?

고양이는 오른쪽 왼쪽으로 방을 돌아다닌다. 고양이가
점프해서 창문에 닿으면 별이 빛나는 밤으로 이동한다.
고양이가 초생달에 닿으면 카페 테라스로 이동한다.

〈고흐의 침실〉 배경에서 시작하여
신호에 따라 배경이 〈별이 빛나는 밤에〉,
〈밤의 카페 테라스〉로 바뀐다.

▶ 신호 보내기

스프라이트끼리 신호를 주고 받을 때 신호 보내기를 사용해요. 다른 스프라이트에게 메시지를 보내면, 이를 받은 스프라이트는 명령을 실행해요. '신호 보내기'는 '신호를 받았을 때' 블록과 짝을 이뤄요.

팔레트	블록	기능설명
이벤트	메시지1▾ 신호를 받았을 때	자신 또는 다른 스프라이트에서 지정된 메시지를 받았을 때 실행할 수 있어요.
	메시지1▾ 신호보내기	모든 스프라이트에 설정된 메시지를 신호로 보내요.

❹ 코딩해보자

▶ 재료 준비하기

[파일]메뉴에서 Load from your computer 부분을 클릭해 본문 예제 파일 2_고흐의 침실_예제.sb3 파일을 불러와요.

2_고흐의 침실_예제.sb3

스프라이트

고흐 고양이

창문

초생달

배경

▶ Step1 **고흐 고양이가 고흐의 침실에 돌아다니다, 창문을 터치해요.**

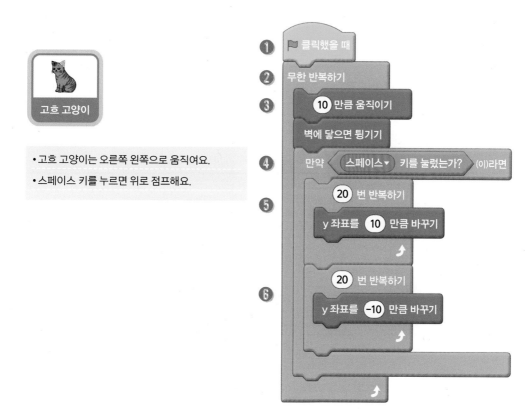

고흐 고양이

• 고흐 고양이는 오른쪽 왼쪽으로 움직여요.
• 스페이스 키를 누르면 위로 점프해요.

❶ 고양이가 방안을 돌아다니도록 코딩해요. 이벤트 팔레트의 ⚑ 클릭했을 때 블록을 가져와요.

❷ 고양이가 계속 돌아다닐 수 있게 제어 팔레트의 무한 반복하기 블록을 가져와요.

❸ 동작 팔레트의 10만큼 움직이기 와 벽에 닿으면 튕기기 블록을 무한 반복하기 블록 안에 넣어요.

❹ 제어 팔레트의 만약 ~(이)라면 블록의 조건 칸에, 감지 팔레트의 스페이스 키를 눌렀는가? 블록을 끼워요.

❺ 고양이가 위로 점프하도록 제어 팔레트의 20번 반복하기 블록을 ❹의 블록 안에 연결해요. 20번 반복하기 블록 안에 동작 팔레트의 y좌표를 10만큼 바꾸기 블록을 넣어줘요.

❻ 위로 올라간 고양이가 다시 제자리로 내려올 수 있도록 코딩해요. 제어 팔레트의 20번 반복하기 블록을 ❺ 다음에 연결해요. 20번 반복하기 블록 안에 동작 팔레트의 y좌표를 −10만큼 바꾸기 블록을 넣어줘요.

▶ Step2 **고양이가 흔들리는 창문 밖으로 나가보아요**

창문

• 창문이 바람 때문에 흔들흔들 움직여요.
• 고양이에 닿으면 별이빛나는 밤에 배경으로 바뀌어요.

❶ 이벤트 팔레트의 ⚑클릭했을 때 블록을 가져와요.

❷ 오른쪽 왼쪽으로 흔들기 전에 창문이 바로 위치해 있도록 동작 팔레트의 90도 방향보기 블록을 연결해요.

❸ 계속 흔들리는 것을 표현하기 위해 제어 팔레트의 무한 반복하기 블록을 가져와 연결해요

❹ 동작 팔레트의 왼쪽 방향으로 3도 회전하기 블록을 무한 반복하기 블록 안에 넣어줘요.

❺ 창문이 흔들거리는 모습이 보이도록, 제어 팔레트의 0.1초 기다리기 블록을 연결해요.

❻ 동작 팔레트의 오른쪽 방향으로 3도 돌기 블록을 연결해요.

❼ 제어 팔레트의 0.1초 기다리기 블록을 연결해요.

❽ 이벤트 팔레트에서 ⚑클릭했을 때 블록을 가져와요. 창문이 보이도록 형태 팔레트의 보이기 블록을 연결해요.

❾ 고양이에게 닿았는지 계속 체크하기 위해 제어 팔레트의 무한 반복하기 블록을 연결해요.

❿ 무한 반복하기 블록 안에 제어 팔레트의 만약 ~라면 블록을 넣어줘요.

⓫ 감지 팔레트의 마우스 포인터에 닿았는가? 블록에서 마우스 포인터를 클릭하여 고흐고양이에 닿았는가? 블록으로 바꾸어 만약 ~라면 조건 칸에 넣어줘요.

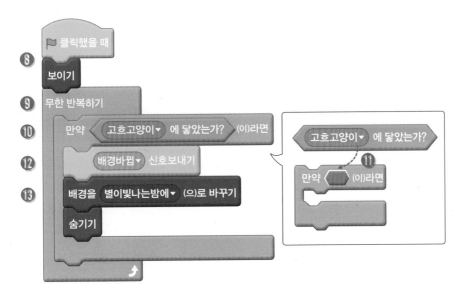

⓬ 이벤트 팔레트의 메시지1신호 보내기 블록을 가져와서 새로운 메시지를 클릭하여 '배경바뀜' 으로 입력하고 배경바뀜 신호 보내기 블록으로 바꿔서 연결해요.

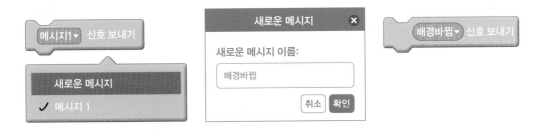

⓭ 형태 팔레트의 배경을 별이빛나는 밤에로 바꾸기 블록을 연결한 후, 〈별이 빛나는 밤에〉 배경이 바뀌면 창문을 보이지 않게 하기 위해 , 형태 팔레트의 숨기기 블록을 연결해요.

▶ Step3 **초생달에 효과도 주고, 고흐고양이가 점프를 하면, 다음 배경으로 가기**

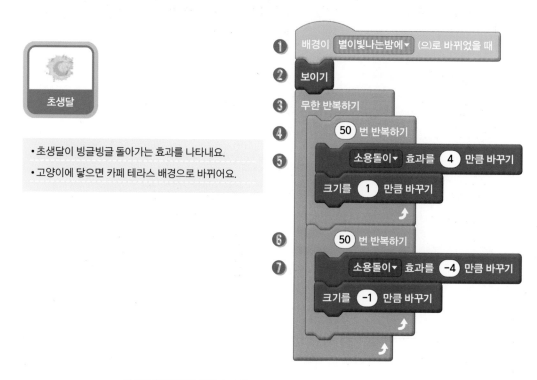

- 초생달이 빙글빙글 돌아가는 효과를 나타내요.
- 고양이에 닿으면 카페 테라스 배경으로 바뀌어요.

① 배경이 별이빛나는밤에▼ (으)로 바뀌었을 때

② 보이기

③ 무한 반복하기

④ 50 번 반복하기

⑤ 소용돌이▼ 효과를 4 만큼 바꾸기

크기를 1 만큼 바꾸기

⑥ 50 번 반복하기

⑦ 소용돌이▼ 효과를 -4 만큼 바꾸기

크기를 -1 만큼 바꾸기

❶ 이벤트 팔레트의 배경이 별이빛나는 밤에로 바뀌었을 때 블록을 가져와요.

❷ 이제 초생달이 숨어있다가 보이기 블록으로 나타나게 해요.

❸ 제어 팔레트의 무한 반복하기 블록을 가져와 연결해요.

❹ 무한 반복하기 블록 안에 제어 팔레트의 50번 반복하기 블록을 넣어줘요.

❺ 달에 소용돌이 효과가 점점 나타나도록 형태 팔레트의 소용돌이 효과를 4만큼 바꾸기 와 크기를 1만큼 바꾸기 블록을 50번 반복하기 블록 안에 넣어줘요.

❻ 제어 팔레트의 50번 반복하기 블록을 하나 더 꺼내서 무한 반복하기 블록 안에 넣어줘요.

❼ 소용돌이 효과가 반대로 나타나도록 50번 반복하기 블록 안에 형태 팔레트의 소용돌이 효과를 -4만큼 바꾸기 와 크기를 -1만큼 바꾸기 블록을 연결해요.

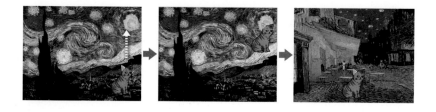

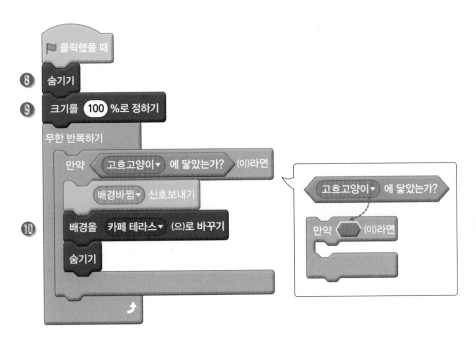

❽ 프로젝트가 시작될때 초생달은 보이지 않도록 형태 팔레트의 숨기기 블록으로 바꿔요.

❾ 초생달의 크기가 변하게 되므로 시작할 때 크기를 지정해요. 형태 팔레트의 크기를 100%로 정 하기 블록을 연결해요.

❿ 점프하는 고양이가 초생달에 닿게 되면 카페 테라스로 이동하도록 코딩해요. **Step2**의 ❽~⓭ 과 코드가 비슷해요. 형태 팔레트의 배경을 카페 테라스로 바꾸기 블록으로 수정해서 연결해요.

▶ **Step4** 〈밤의 카페 테라스〉배경으로 도착하면, 음악이 나와요.

❶ 이벤트 팔레트에서 클릭했을 때 블록을 가져와요.

❷ 프로젝트가 시작할 때는 그래픽효과가 없는 상태로 만들어요. 형태 팔레트의 그래픽 효과 지

우기 블록을 연결해요.

❸ 시작 장면을 고흐의 침실에서 시작하도록 배경을 고흐의 침실로 바꾸기 블록을 연결해요.

❶ 이벤트 팔레트의 배경바뀜 신호를 받았을 때 블록 가져와요.

❷ 제어 팔레트의 10번 반복하기 블록을 가져와 연결해요.

❸ 형태 팔레트의 어안렌즈 효과를 10만큼 바꾸기 블록과 밝기를 10만큼 바꾸기 블록을 순서대로 연결해요.

❹ 제어 팔레트의 10번 반복하기 블록을 하나 더 가져와서 연결해요.

❺ ❸에서 적용된 그래픽효과를 반대로 만들어 보아요. 형태 팔레트의 어안렌즈 효과를 −10만큼 바꾸기 블록과 밝기 효과를 −10만큼 바꾸기 블록을 순서대로 연결해요.

❶ 이벤트 팔레트에서 배경이 카페 테라스로 바뀌었을 때 블록을 가져와요. 소리 팔레트의 카페 테라스 배경음악 재생하기 블록을 연결하면, 음악이 재생되요.

고흐 고양이

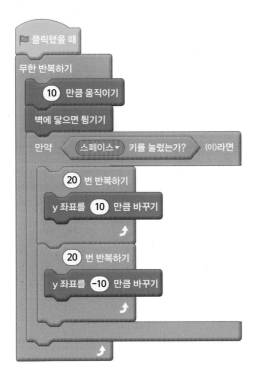

▶ 클릭했을 때

무한 반복하기

　10 만큼 움직이기

　벽에 닿으면 튕기기

　만약　 스페이스▼ 키를 눌렀는가?　 (이)라면

　　20 번 반복하기

　　y 좌표를 10 만큼 바꾸기

　　20 번 반복하기

　　y 좌표를 −10 만큼 바꾸기

창문

▶ 클릭했을 때

　90 도 방향 보기

무한 반복하기

　↺ 방향으로 3 도 회전하기

　0.1 초 기다리기

　↻ 방향으로 3 도 돌기

　0.1 초 기다리기

▶ 클릭했을 때

　보이기

무한 반복하기

　만약　 고흐고양이▼ 에 닿았는가?　 (이)라면

　　 배경바뀜▼ 신호보내기

　　 배경을 별이빛나는밤에▼ (으)로 바꾸기

　　 숨기기

045

초생달

배경이 별이빛나는밤에▼ (으)로 바뀌었을 때

보이기

무한 반복하기
> 50 번 반복하기
>> 소용돌이▼ 효과를 4 만큼 바꾸기
>> 크기를 1 만큼 바꾸기
>
> 50 번 반복하기
>> 소용돌이▼ 효과를 -4 만큼 바꾸기
>> 크기를 -1 만큼 바꾸기

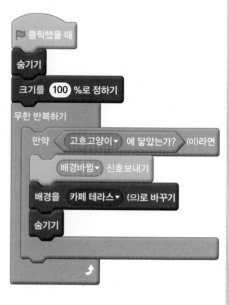

🏁 클릭했을 때

숨기기

크기를 100 %로 정하기

무한 반복하기
> 만약 고흐고양이▼ 에 닿았는가? (이)라면
>> 배경바뀜▼ 신호보내기
> 배경을 카페 테라스▼ (으)로 바꾸기
> 숨기기

무대

🏁 클릭했을 때

그래픽 효과 지우기

배경을 고흐의 침실▼ (으)로 바꾸기

배경이 카페 테라스▼ (으)로 바뀌었을 때

카페 테라스 배경음악▼ 재생하기

배경바뀜▼ 신호를 받았을 때

10 번 반복하기
> 어안 렌즈▼ 효과를 10 만큼 바꾸기
> 밝기▼ 효과를 10 만큼 바꾸기

10 번 반복하기
> 어안 렌즈▼ 효과를 -10 만큼 바꾸기
> 밝기▼ 효과를 -10 만큼 바꾸기

★꿀마법★

〈카페 테라스〉 배경으로 바뀌면, 고흐 고양이가 멋진 옷을 입고, 거리로 구경을 나가요.

고흐고양이

• 프로젝트가 시작하면 고흐고양이1의 모양으로 바꿔요.
• 카페 테라스에서는 고흐 고양이에게 멋진 옷을 입혀요.

❶ 고양이 스프라이트 **Step 1**의 코드에서 형태 팔레트의 모양을 고흐고양이1으로 바꾸기 블록을 가져와서 ⚑ 클릭했을 때 블록 바로 아래에 연결해요. 옷 입기 전의 고양이 모양으로 초기화해요.

❷ 이벤트 팔레트의 배경이 카페 테라스로 바뀌었을 때 블록을 가져와요.

❸ 제어 팔레트의 1초 기다리기 블록을 가져와 연결하고 숫자를 바꾸어 속도를 조절해요. 형태 팔레트의 다음 모양으로 바꾸기 블록을 연결하여 멋진 옷을 입은 고양이로 변신하도록 코딩해요.

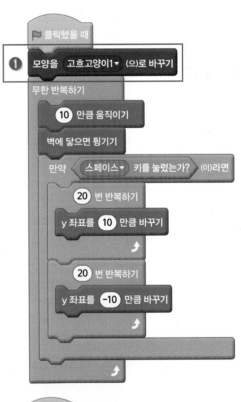

마티스, 행복을 담은 조각

03

종이를 잘라 마치 조각처럼 색을 입히는 작업을 했던 화가, 마티스는 성당 창문에 스테인드 글라스 작품을 만들었어요. 이번 장에서 우리는 창 밖에 마티스처럼 아름다운 색종이를 자유롭게 날아다니게 코딩을 해볼까요?

❶ 이번 미션은 뭘까?

창밖을 향해 손을 흔들면 나를 향해 대답하듯 조각들이 창밖을 가득 날아다니며 나를 반겨줘요.

시작화면　　　　　　실행화면

❷ 어떻게 해결할 수 있을까?

내가 손을 흔들면 조각은 어떻게 알 수 있을까요? 스크래치는 비디오 감지 기능을 제공하고 있어요. 카메라 앞에서 손을 흔들게 되면 움직임을 감지하고 그에 따라 창밖에 있는 조각이 움직이도록 코딩해보아요.

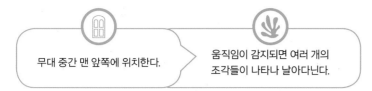

무대 중간 맨 앞쪽에 위치한다.

움직임이 감지되면 여러 개의
조각들이 나타나 날아다닌다.

❸ 우리에게 필요한 마법 블록

▶ 복제하기

하나의 조각으로 여러 조각들을 표현하는 방법이 있어요. 복제하기 기능은 하나의 스프라이트로
똑같은 행동을 하는 여러 스프라이트들을 만들어 내는 일을 해요.

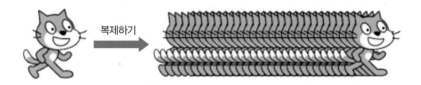

팔레트	블록	기능설명
제어	복제되었을 때	스프라이트의 복제본이 만들어지면 복제되었을 때 블록이 실행되요.
	나 자신▾ 복제하기	현재 실행 중인 스프라이트의 복제본을 만들어요.
	이 복제본 삭제하기	현재 복제본을 삭제해요. 나자신 복제하기 블록과 복제되었을 때 블록은 같이 사용되어요.

 참고

복제본을 너무 많이 사용하면 컴퓨터가 느려질 수 있어요. 복제본이 할 일을 다했다면 이 복제본 삭제하기 블록을 이용
해 복제본을 삭제해줘요.

❹ 코딩해보자

▶ 재료 준비하기

[파일]메뉴에서 [Load from your computer]를 클릭해 3_마티스_예제.sb3 파일을 불러와요.

3_마티스_예제.sb3

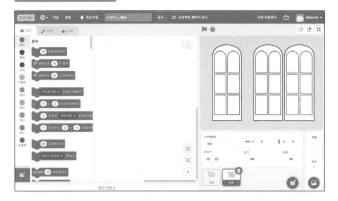

스프라이트

조각

창문

▶ Step1 창문은 조각보다 앞에 있어요!

창문

❶ 창문 밖에 조각이 보이도록 창문의 위치를 정해요. 이벤트 팔레트의 ⏴클릭했을 때 블록과 형태 팔레트의 맨 앞쪽으로 순서 바꾸기 블록을 연결해요.

❷ 창문이 무대의 중간에 위치하도록 동작 팔레트의 x:○ y:○ 으로 이동하기 블록을 연결하고 x: 0 y: 0 으로 이동하기 로 바꿔줘요.

비디오감지 기능의 설명은 르네 마그리트편에 있어요. (31쪽)

▶ **Step2** 내가 손을 흔들면 조각들도 내게 답을 해줘요. 카메라가 없다면 꿀마법으로 슝~

❶ 웹카메라를 동작 시켜봅시다. 이벤트 팔레트의 ⚑클릭했을 때 블록을 가져와요. 비디오감지 팔레트의 비디오 켜기 블록과 카메라 화면이 보이지 않도록 비디오 투명도를 100으로 정하기 블록을 연결해요.

❷ 조각 블록이 처음에는 보이지 않도록 형태 팔레트의 숨기기 블록을 연결해줘요.

❸ 스페이스 키를 누르면 웹카메라를 중단해요. 이벤트 팔레트의 스페이스 키를 눌렀을 때 블록과 비디오감지 팔레트의 비디오 끄기 블록을 연결해요.

비디오 투명도 설정

〈투명도 0일 때〉

〈투명도 50일 때〉

〈투명도 100일 때〉

❹ 비디오 감지 팔레트의 비디오동작 〉20 일 때 블록은 움직임이 있을 때 아래 블록을 실행해요. 숫자를 크게 입력한다면 움직임을 크게 해야 블록이 실행됩니다.

❺ 조각을 다양한 모양과 색깔로 바꾸어요. 형태 팔레트의 다음 모양으로 바꾸기 블록과 색깔효과 를 25만큼 바꾸기 블록을 연결해요. 조각이 다양한 위치에서 움직이도록 동작 팔레트의 무작위 위치로 이동하기 블록도 연결해요.

❻ 카메라 앞에서 손을 흔들 때마다 조각이 새로 만들어져 흩어지도록 제어 팔레트의 나 자신 복제 하기 블록을 연결해서 복제본을 만들어줘요.

❼ 복제된 조각들이 화면에서 날아다니도록 해보아요. 제어 팔레트의 복제되었을 때 블록 아래 에 형태 팔레트의 보이기 블록과 동작 팔레트의 1초 동안 랜덤위치로 이동하기 블록을 연결해 서 다양한 방향으로 움직이도록 코딩해요.

❽ 움직인 후에 제어 팔레트의 이 복제본 삭제하기 블록을 연결해서 사라지게 해요.

나 자신 복제하기 블록을 이용하여 복제했다면 **복제되었을 때** 블록을 활용하여 각 복제된 스프라이트에게 명령을 내 릴 수 있어요. 카메라의 움직임에 따라 계속 복제가 되므로 복제본이 할 일이 끝나면 **이 복제본 삭제하기**를 반드시 해 야 해요.

웹카메라가 없다면 비디오 감지 기능을 사용할 수 없어요. 스페이스 키를 눌러서 조각들이 흩날리게 해보아요.

▶ Step1 **키보드를 눌러 조각을 날려보아요.**

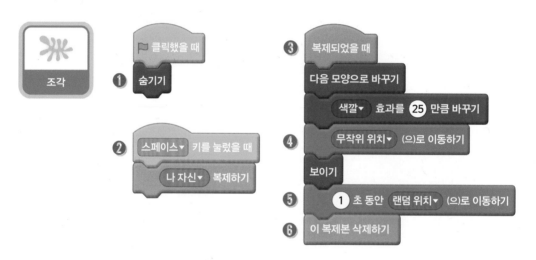

❶ 이벤트 팔레트의 ▶클릭했을 때 블록을 가져와요. 조각 블록이 처음에는 보이지 않도록 형태 팔레트의 숨기기 블록을 연결해줘요.

❷ 이벤트 팔레트의 스페이스 키를 눌렀을 때 블록을 가져와요.
조각들이 만들어 지도록 제어팔레트의 나 자신 복제하기 블록을 연결해요.

❸ 복제된 조각들이 화면에서 날아다니도록 코딩해요. 제어 팔레트의 복제되었을 때 블록을 가져와요. 조각이 다양한 모양과 색깔로 나타나도록 형태 팔레트의 다음 모양으로 바꾸기 블록

과 색깔 효과를 25만큼 바꾸기 블록을 연결해요.

❹ 조각이 다양한 위치에서 나타나도록 동작 팔레트의 무작위 위치로 이동하기 블록과 형태 팔레트의 보이기 블록을 연결해요.

❺ 다양한 방향으로 움직이도록 동작 팔레트의 1초 동안 랜덤 위치로 이동하기 블록을 연결해요.

❻ 제어 팔레트의 이 복제본 삭제하기 블록을 연결해서 사라지게 해요.

앙리 마티스 〈이카루스〉

야수파로 불리는 화가 앙리 마티스는 유화를 그릴 때 화려한 색채를 사용해서 그림에 활력을 주었어요. 균형의 예술을 꿈꾸는 마티스는 강렬하지만 서로 조화롭게 어우러지는 색채들로 그려진 〈색종이〉라는 작품을 만들었는데, 종이를 가위로 오려내 붙이는 '컷아웃' 기법을 사용했어요. 마티스는 또 로사리오 성당 내부에 스테인드글라스를 장식했는데요. 이 글라스를 통해 성당에는 햇빛을 상징하는 노란빛과 자연을 의미하는 초록과 파란빛이 감돈다고 하네요. 자연의 조화로움이 담긴 이 작품을 보면 온종일 마음이 산뜻하고 차분해지는 것 같지 않나요?

마티스가 장식한 로사리오 성당 내부의 스테인드글라스

칸딘스키, 그림 속 음악 소리

바실리 칸딘스키는 러시아 화가예요. 그의 추상회화는 사실적인 형태보다는 정신적인 가치, 원이나 색채에 대한 탐구로 가득해요. 특히 〈구성〉이라는 이름으로 다양하게 변주된 작품들을 그렸어요. 칸딘스키 작품을 보면 음악소리가 들리는 것 같지 않나요?

❶ 이번 미션은 뭘까?

악기들이 만들어내는 음악! 그림 속에서 음악이 들려요. 나도 칸딘스키처럼 멋진 작품을 만들어보아요.

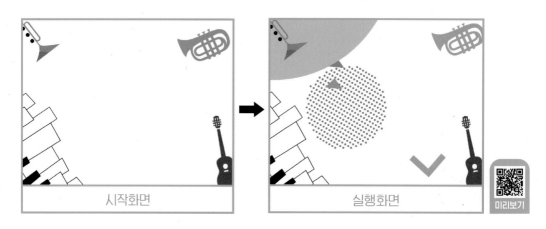

❷ 어떻게 해결할 수 있을까?

양쪽 끝에 있는 악기들을 클릭하면 음악과 함께 도형이 나와 춤을 춰요. 다양한 악기의 음들을 이용하여 자신만의 곡을 만들어요.

클릭하면 피아노 모양이 바뀌며 다양한 음이 연주된다. 사각형에게 신호를 보낸다.

사각형 신호를 받으면 사각형이 나타나 움직인다.

클릭하면 크기가 바뀌며 다양한 음이 연주 된다. 직선에게 신호를 보낸다.

직선 신호를 받으면 직선이 나타나 움직인다.

▶ 스프라이트 움직이기

팔레트	블록	기능설명
동작	**10 만큼 움직이기**	스프라이트가 10만큼 앞으로 움직여요.
	↻ 방향으로 15 도 돌기	스프라이트가 시계 방향(오른쪽)으로 회전해요.
	↺ 방향으로 15 도 회전하기	스프라이트가 반시계 방향(왼쪽)으로 회전해요.
	무작위 위치▾ (으)로 이동하기 ✓ 무작위 위치 마우스 포인터 다른 스프라이트	스프라이트를 무대의 랜덤 한 위치로 옮겨줘요. 무작위 위치, 마우스 포인터, 다른 스프라이트 위치로 옮길 수 있어요.
	90 도 방향 보기	스프라이트가 지정한 방향으로 바라보아요. 0° -90° 90° 180°
	벽에 닿으면 팅기기	스프라이트가 이동하다가 벽에 닿으면 반대방향으로 움직여요.

▶ 음악 연주하기

음악 블록을 사용하여 다양한 악기소리를 재생할 수 있어요. 음악 블록을 사용하려면 확장기능 버튼을 눌러서 음악 팔레트를 추가해요.

팔레트	블록	기능설명
♪♪ 음악		악기를 선택하는 블록으로 (1)피아노를 클릭하면 21가지의 악기를 선택할 수 있어요.
		60이라는 숫자를 클릭하면 건반 모양이 나타나고 음을 선택할 수 있어요. * 건반의 범위를 넘어서는 음을 연주하고 싶다면 음에 해당하는 번호를 입력해요.

④ 코딩해보자

▶ 재료 준비하기

[파일]메뉴에서 Load from your computer를 클릭해 4_칸딘스키도형연주_예제.sb3파일을 불러
와요.

4_칸딘스키도형연주_예제.sb3

스프라이트

▶ Step1 **피아노는 사각형을 연주해요**

❶ 프로젝트를 시작하면 피아노가 도형 스프라이트에 가려지지 않도록 해요. 이벤트 팔레트의
🏳클릭했을 때 블록과 형태 팔레트의 맨 앞쪽으로 순서 바꾸기 블록을 연결해요.

❷ 피아노1 모양에서 시작하도록 형태 팔레트의 모양을 피아노1으로 바꾸기 블록을 연결해요.

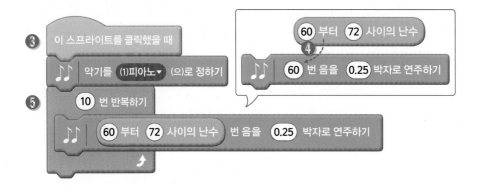

❸ 피아노를 클릭하면 피아노가 다양한 음을 연주하게 해볼까요? 이벤트 팔레트의 이 스프라이트를 클릭했을 때 블록을 가져오고 음악 팔레트에서 악기를 (1)피아노로 정하기 블록을 연결해요.

❹ 난수 블록을 사용하여 다양한 음이 나오도록 해보아요. 연산 팔레트의 ○부터 ○사이의 난수 블록을 가져와 60부터 72사이의 난수 로 바꾸고 음악 팔레트에서 ○번음을 0.25박자로 연주하기 블록의 음번호 칸에 넣어요.

❺ 다양한 음이 10번 연주되도록 제어 팔레트에서 10번 반복하기 블록을 연결하고 ❹에서 만든 60부터 72사이의 난수 번음을 0.25박자로 연주하기 블록을 넣어요.

❻ 피아노를 클릭하게 되면 사각형이 나오도록 코딩해요. 사각형에게 신호를 보내고 피아노 모양을 바꿔서 피아노가 연주되는 것처럼 표현해 보아요. 이벤트 팔레트의 이 스프라이트를 클릭했을 때 블록을 또 하나 가져와요.

❼ 사각형이 움직이도록 신호 보내기를 해보아요. 이벤트 팔레트의 메시지1 신호 보내기 블록을 가져와 새로운 메시지를 클릭해요. 새로운 메시지 이름 칸에 '사각형'이라고 입력 후 확인을 누르면 사각형 신호 보내기 블록이 만들어져요.

❽ 피아노 모양이 여러 번 바뀔 수 있도록 제어 팔레트에서 10번 반복하기 블록을 연결해요.

❾ 0.1초마다 모양이 바뀌도록 제어 팔레트에서 1초 기다리기 블록을 0.1초 기다리기 로 바꾸고 형태 팔레트의 다음 모양으로 바꾸기 블록과 연결해요.

❿ 여러 모양으로 바뀌다가 마지막에는 원래 모양으로 돌아가도록 형태 팔레트의 모양을 피아노 1으로 바꾸기 블록을 연결해요.

0.1초 기다리기는 왜 넣죠?
0.1초 기다리기 블록 없이 다음 모양으로 바꾸기를 10번 반복하게 되면 아무런 변화가 없는 것처럼 보여요. 그 이유는 컴퓨터는 너무 빨리 바꾸기 때문에 우리 눈이 알아채지 못하기 때문이죠. 모양을 바꾸고 0.1초 기다리면 다양하게 바뀌는 것을 볼 수 있어요.

▶ Step2 **기타는 직선을 연주해요**

❶ 프로젝트를 시작할 때 기타가 도형 스프라이트에 가려지지 않도록 해요. 이벤트 팔레트의

📐클릭했을 때 블록과 형태 팔레트의 맨 앞쪽으로 순서 바꾸기 블록을 연결해요.

❷ 기타의 크기가 바뀌기 때문에 처음에는 형태 팔레트의 크기를 100%로 정하기 블록으로 초기화 해요.

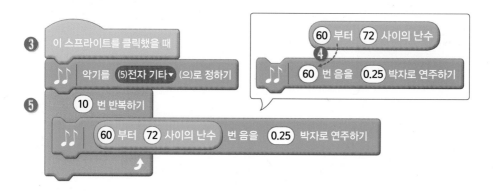

❸~❺ 기타를 클릭하면 다양한 음이 연주되도록 **Step1**의 ❸~❺를 참고해서 코딩해요. 악기를 (5)전자기타로 정하기 블록으로 연결하고 다양한 음이 10번 연주되도록 코딩해요.

❻ 기타를 클릭하게 되면 직선이 움직일 수 있게 신호를 보내고 기타가 점점 커지게 해보아요. 이벤트 팔레트의 이 스프라이트를 클릭했을 때 블록을 가져와요.

❼ 직선이 움직이도록 신호를 보내요. 이벤트 팔레트의 메시지1 신호 보내기 블록을 가져와 새로운 메시지를 클릭해요. 새로운 메시지 이름 칸에 '직선'이라고 입력 후 확인을 누르면 직선 신호 보내기 블록이 만들어져요.

❽ 기타의 크기가 점점 커지도록 제어 팔레트에서 10번 반복하기 블록을 연결하고 블록 안에 형태 팔레트의 크기를 10만큼 바꾸기 블록을 넣어줍니다.

❾ 기타가 점점 커지다가 마지막에는 원래 크기로 돌아가도록 형태 팔레트의 크기를 100%로 정하기 블록을 연결해요.

▶ Step3 춤추는 사각형

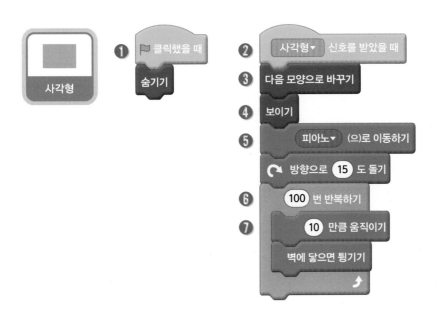

❶ 프로젝트를 시작할 때 사각형이 보이지 않도록 숨겨줘요. 이벤트 팔레트의 `클릭했을 때` 블록과 형태 팔레트의 `숨기기` 블록을 연결해요.

❷ 피아노로부터 사각형 신호를 받게 되면 사각형이 나타나도록 코딩해요. 이벤트 팔레트의 `사각형신호를 받았을 때` 블록을 가져옵니다.

❸ 신호를 받게 될 때마다 모양이 바뀔 수 있도록 형태 팔레트에서 `다음 모양으로 바꾸기` 블록을 연결해요.

❹ 처음에 사각형은 숨기기 상태였지만 신호를 받으면 나타나도록 형태 팔레트에서 `보이기` 블록을 연결해요.

❺ 사각형은 피아노의 위치에서 나타날 수 있게 동작 팔레트에 있는 무작위 위치로 이동하기 블록을 가져와 `피아노로 이동하기` 블록으로 바꿔줘요. 사각형이 약간 비스듬하게 나타나도록 동작 팔레트에 있는 `오른쪽방향으로 15도 돌기` 블록을 연결해요.

❻ 움직임을 여러 번 반복하도록 제어 팔레트의 `100번 반복하기` 블록을 가져와요.

❼ 움직이다가 벽에 닿게 되면 반대 방향으로 움직이게 해요. `100번 반복하기` 블록 안에 동작 팔레트에 있는 `10만큼 움직이기` 블록과 `벽에 닿으면 팅기기` 블록을 연결해요.

▶ Step4 **직선이지만 나도 춤을 출수 있어**

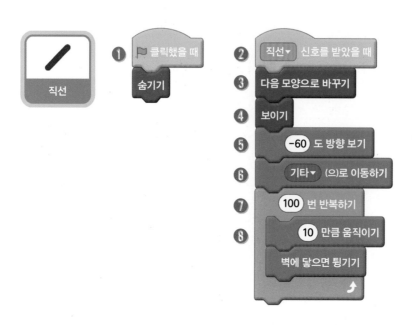

❶ 프로젝트를 시작할 때 직선이 보이지 않도록 숨겨줘요. 이벤트 팔레트의 🏳 클릭했을 때 블록과 형태 팔레트의 숨기기 블록을 연결해요.

❷ 기타로부터 직선 신호를 받게 되면 직선이 나타나도록 코딩해요. 이벤트 팔레트의 직선신호를 받았을 때 블록을 가져옵니다.

❸ 신호를 받게 될 때마다 모양이 바뀔 수 있도록 형태 팔레트에서 다음 모양으로 바꾸기 블록을 연결해요.

❹ 처음에 직선은 숨기기 상태였지만 신호를 받으면 나타나도록 형태 팔레트에서 보이기 블록을 연결해요.

❺ 직선이 무대 중간으로 향해 움직이도록 동작 팔레트의 90도 방향보기 블록을 가져와 '90도' 글자를 클릭해 방향을 화살표로 옮겨 지정하거나 숫자로 입력해요. -60도 방향보기 로 화면 가운데 방향으로 나가도록 지정해요.

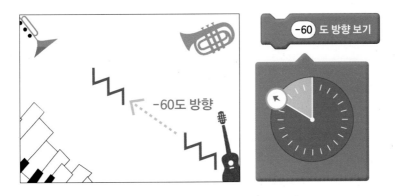

❻ 기타의 위치에서 나타날 수 있게 동작 팔레트에 있는 무작위 위치로 이동하기 블록을 연결하고 기타로 이동하기 블록으로 바꿔줘요.

❼ 점점 움직일 수 있도록 제어 팔레트의 100번 반복하기 블록을 가져와요.

❽ 10만큼씩 100번 움직이도록 해봐요. 동작 팔레트에서 10만큼 움직이기 블록과 벽에 닿으면 튕기기 블록을 연결하여 100번 반복하기 블록 안에 넣어줍니다.

▶ Step5 **다른 악기도 도형을 연주해요!**

피아노가 사각형을 연주한 것처럼, 트럼펫, 나팔은 각각 원과 삼각형 도형을 연주할 수 있게 코딩해요. 악기는 **Step1**을, 도형은 **Step3**을 참고하여 만들어요.

피아노

클릭했을 때

맨 앞쪽▼ 으로 순서 바꾸기

모양을 피아노1▼ (으)로 바꾸기

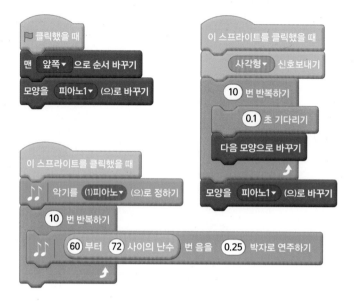

이 스프라이트를 클릭했을 때

사각형▼ 신호보내기

10 번 반복하기

0.1 초 기다리기

다음 모양으로 바꾸기

모양을 피아노1▼ (으)로 바꾸기

이 스프라이트를 클릭했을 때

♪♪ 악기를 (1)피아노▼ (으)로 정하기

10 번 반복하기

♪♪ 60 부터 72 사이의 난수 번 음을 0.25 박자로 연주하기

직선

클릭했을 때

숨기기

직선▼ 신호를 받았을 때

다음 모양으로 바꾸기

보이기

-60 도 방향 보기

기타▼ (으)로 이동하기

100 번 반복하기

10 만큼 움직이기

벽에 닿으면 튕기기

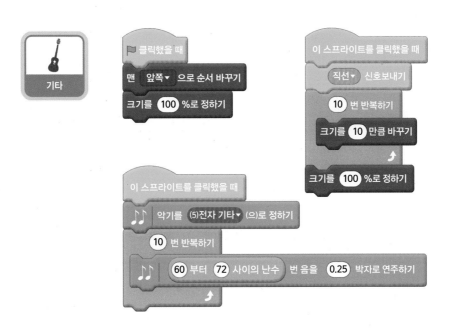

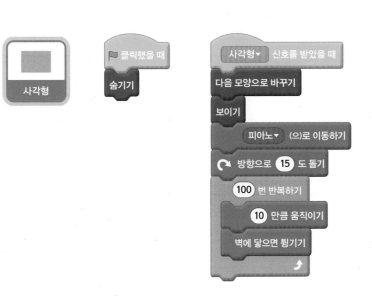

내가 그린 도형이 춤추게 해볼까요? 내가 만들고 싶은 도형을 클릭하고 도형에 모양을 추가해보아요.

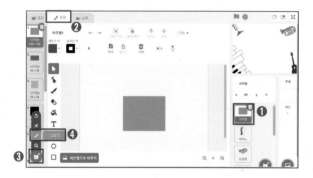

❶ 나만의 사각형을 그리기 위해 사각형 스프라이트를 클릭해요.

❷ 모양 편집을 위해 모양탭을 클릭해요.

❸ 왼쪽 아래에 보이는 고양이 아이콘 위에 마우스를 가져다 대면 모양을 추가할 수 있는 여러가지 방법이 나타나요.

❹ 붓모양의 아이콘 **그리기**를 클릭해 직접 네모를 그려보아요.

❺ 네모도형을 선택하고, ❻ 채우기 색, ❼ 윤곽선색, ❽ 윤곽선의 두께를 지정해요.

❾ 마우스로 드래그해서 도형을 그려줘요. 이제 직접 그린 도형이 모양으로 추가되었어요.

동그라미, 붓 등을 이용해 여러가지 모양으로 도형을 추가하여 프로젝트를 실행해보아요!

05 모네, 발레 고양이

클로드 모네는 인상주의 화가로, 야외에서 그림을 그리며 빛에 따라 변하는 순간적인 인상을 표현하고자 했지요. 이번에는 모네가 빛이 만들어내는 순간을 그린 〈연꽃〉 작품 속에서 즐겁게 춤추는 고양이를 코딩으로 만들어 보세요.

❶ 이번 미션은 뭘까?

모네의 연못에는 연꽃과 연잎이 있어요. 발레 고양이는 연못을 무대삼아 연주에 맞춰 춤을 춰요.

시작화면

실행화면

미리보기

❷ 어떻게 해결할 수 있을까?

마우스를 가져다 대면 발레 동작을 한다. 연잎 위를 클릭하면 발레 고양이는 연잎 위치로 점프를 하며 춤을 춘다.

각 연잎들은 연못 위에서 흔들거린다. 연잎들은 도레미파솔라시 음을 연주한다.

▶ **반복**

컴퓨터는 우리가 시키는 대로 일을 하지만 우리보다 뛰어나게 잘하는 일이 있어요. 무엇이든 불평하지 않고 같은 일을 계속 반복할 수 있다는 것이에요.

스크래치에는 어떤 일을 여러 번 반복할 수 있는 블록이 있어요. 반복 블록은 반복할 명령 블록을 감싸는 모양으로 만들어져요.

팔레트	블록	기능설명
제어	무한 반복하기	같은 명령을 계속 실행하는 블록이에요. 무한 반복하기 내부에 들어있는 블록을 프로젝트가 종료될 때까지 계속 반복해요.
	⑩ 번 반복하기	정해진 횟수만큼 반복해요.
	까지 반복하기	조건에 맞게 될때까지 반복해요.

▶ **결정**

우리는 상황에 따라 결정을 다르게 할 수 있는 것처럼, 스크래치에서도 어떤 조건에 해당하는지, 아닌지에 따라서 프로그램이 무엇을 할지 정할 수가 있어요.

만약~라면 블록을 이용하여 조건에 해당하면 만약~라면 블록 안에 실행할 블록을 넣어줘요

팔레트	블록	기능설명
제어	만약 (이)라면	조건에 맞으면 내부에 들어있는 블록을 실행해요. 육각형 칸에 조건 블록을 넣을 수 있어요. 스크래치에서 조건이 될 수 있는 블록은 육각형 모양의 블록들이 가능해요
	만약 (이)라면 / 아니면	조건에 맞으면 바로 아래 블록을 실행하게 하고, 맞지 않으면 '아니면' 블록안을 실행하게 해요.

④ 코딩해보자

▶ 재료 준비하기

[파일]메뉴에서 Load from your computer를 클릭해 5_발레 고양이_예제.sb3 파일을 불러와요

5_발레 고양이_예제.sb3

스프라이트

발레고양 · 연잎1 · 연잎2 · 연잎3
연잎4 · 연잎5 · 연잎6 · 연잎7

배경

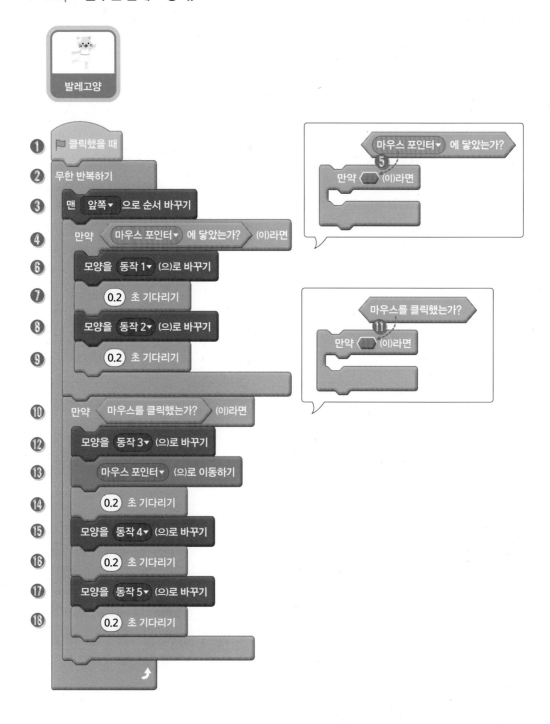

발레고양

① 🏳 클릭했을 때

② 무한 반복하기

③ 맨 앞쪽▼ 으로 순서 바꾸기

④ 만약 〈 마우스 포인터▼ 에 닿았는가? 〉 (이)라면

⑥ 모양을 동작 1▼ (으)로 바꾸기

⑦ 0.2 초 기다리기

⑧ 모양을 동작 2▼ (으)로 바꾸기

⑨ 0.2 초 기다리기

⑩ 만약 〈 마우스를 클릭했는가? 〉 (이)라면

⑫ 모양을 동작 3▼ (으)로 바꾸기

⑬ 마우스 포인터▼ (으)로 이동하기

⑭ 0.2 초 기다리기

⑮ 모양을 동작 4▼ (으)로 바꾸기

⑯ 0.2 초 기다리기

⑰ 모양을 동작 5▼ (으)로 바꾸기

⑱ 0.2 초 기다리기

〈 마우스 포인터▼ 에 닿았는가? 〉 ⑤
만약 〈 〉 (이)라면

〈 마우스를 클릭했는가? 〉 ⑪
만약 〈 〉 (이)라면

❶ 이벤트 팔레트의 🏳 클릭했을 때 블록을 가져와요.

❷ 발레 고양이는 마우스 포인터에 따라서 움직이므로 계속 마우스 움직임을 체크해요. 제어 팔레트의 무한 반복하기 블록을 가져와요.

❸ 발레 고양이가 다른 스프라이트에 가려지지 않도록 형태 팔레트의 맨 앞쪽으로 순서 바꾸기 블록을 무한 반복하기 블록 안에 넣어줘요.

❹ 발레 고양이 위에 마우스를 가져다 대면 발레 동작을 하도록 제어 팔레트의 만약~라면 블록을 가져와 무한 반복하기 블록 안에 넣어줘요.

❺ 만약~라면 조건 칸에 감지 팔레트의 마우스 포인터에 닿았는가 블록을 넣어줘요.

❻ 완성된 만약 마우스 포인터에 닿았는가 라면 블록 안에 형태 팔레트의 모양을 동작1로 바꾸기 블록을 넣어줘요.

❼ 동작1의 모양이 0.2초 유지되다가 다음 동작으로 바뀌도록 제어 팔레트의 0.2초 기다리기 블록을 연결해요.

❽ 형태 팔레트의 모양을 동작2로 바꾸기 블록을 연결해줘요.

❾ 동작2의 모양이 0.2초 유지되도록 제어 팔레트의 0.2초 기다리기 블록을 연결해요. 발레 고양이 0.2초마다 동작1과 동작2를 계속 반복하게 되었어요.

❿ 이번에는 마우스를 클릭한 곳으로 발레 고양이를 움직여요. 제어 팔레트의 만약~라면 블록을 무한 반복하기 블록 안에 연결해요.

⓫ 만약~라면 블록의 조건 칸에 감지 팔레트의 마우스를 클릭했는가 블록을 넣어줘요.

참고

마우스를 클릭했는가 블록과 **마우스 포인터에 닿았는가** 블록은 달라요. 마우스를 클릭했는가 블록은 무대의 어느 위치든 상관없이 클릭 이벤트가 발생하면 참(True)이 되는 블록이에요.

⓬ 만약 마우스를 클릭했는가? 라면 블록 안에 새로운 발레 동작을 만들어보아요. 형태 팔레트의 모양을 동작3으로 바꾸기 블록을 연결해요.

⓭ 모양이 동작3으로 바뀐 상태에서 클릭한 마우스의 위치로 움직이도록 동작팔레트의 무작위 위치로 이동하기 블록을 가져와 마우스 포인터로 이동하기 블록으로 바꾸어 연결해요.

⓮ 동작3의 모양으로 0.2초간 유지되도록 제어 팔레트의 0.2초 기다리기 블록을 연결해 줘요.

⓯ 이제 동작4의 모양으로 바꿔주어요. 형태 팔레트의 모양을 동작4로 바꾸기 블록을 연결해요.

⑯ 동작4의 모양으로 0.2초간 유지되도록 제어 팔레트의 0.2초 기다리기 블록을 연결해줘요.

⑰ 동작5의 모양으로 바꿔주어요. 형태 팔레트의 모양을 동작5로 바꾸기 블록을 연결해요.

⑱ 동작5의 모양으로 0.2초간 유지되도록 제어 팔레트의 0.2초 기다리기 블록을 연결해줘요.

▶ Step2 '도'음 건반 – 연잎1

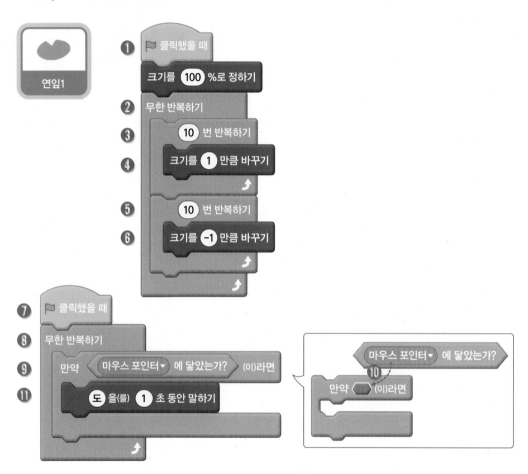

❶ 연잎1이 연못위에 둥둥 떠있는 것을 표현해보아요. 이벤트 팔레트의 🏳 클릭했을 때 블록을 가져와요. 형태 팔레트의 크기를 100%로 정하기 블록을 연결하여 시작 크기를 지정해줘요.

❷ 프로젝트가 실행되는 동안 연잎1이 계속 움직일 수 있도록 제어 팔레트의 무한 반복하기 블록을 연결해요.

❸ 크기가 조금씩 커지게 해볼까요? 제어 팔레트의 10번 반복하기 블록을 연결해요.

❹ 10번 반복하기 블록 안에 형태 팔레트의 크기를 1만큼 바꾸기 블록을 넣어줘요.

❺ 이번에는 점점 작아지게 코딩해요. 제어 팔레트의 10번 반복하기 블록을 연결해요.

❻ 10번 반복하기 블록 안에 형태 팔레트의 크기를 –1만큼 바꾸기 블록을 넣어줘요. 음수를 사용하면 크기가 점점 작아지게 되요.

❼ 연잎1을 피아노 건반처럼 사용해요. 연잎1은 마우스 포인터에 닿으면 '도'라고 알려줘요. 이벤트 팔레트의 🏳 클릭했을 때 블록을 가져와요.

❽ 마우스포인터에 닿았는지 계속 체크할 수 있도록 제어 팔레트의 무한 반복하기 블록을 연결해요.

❾ 제어 팔레트의 만약~라면 블록을 무한 반복하기 블록 안에 넣어줘요.

❿ 조건 칸에 감지 팔레트의 마우스 포인터에 닿았는가 블록을 넣어줘요.

⓫ 만약 마우스 포인터에 닿았는가 라면 블록 안에 형태 팔레트의 안녕을 1초 동안 말하기 블록을 가져와 도를 1초 동안 말하기 블록으로 바꿔서 넣어줘요.

⓬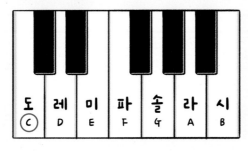

⓬ 마우스를 클릭하면 피아노의 '도' 음이 재생되도록 코딩해요. 이 스프라이트를 클릭했을 때 블록을 가져와요.

⓭ 소리 팔레트에서 C Piano 재생하기 블록을 연결해요.

'도'는 어떤 음일까요?

〈계이름〉

효과음 추가하기

❶ 소리탭을 클릭해 기존에 들어있는 ❷ 효과음이 있다면 삭제해요. ❸ 소리추가 버튼을 누르면, 효과음 리스트가 나와요. ❹ 카테고리 '음표'를 누르면 쉽게 찾을 수 있어요. ❺ C Piano를 클릭하면 다시 소리탭 화면으로 돌아가게 되고, ❻ 선택한 음이 추가가 되어있어요. ❼ 코드탭으로 돌아가면 소리 팔레트의 블록에서 **효과음을 재생하기** 블록을 사용할 수 있어요.

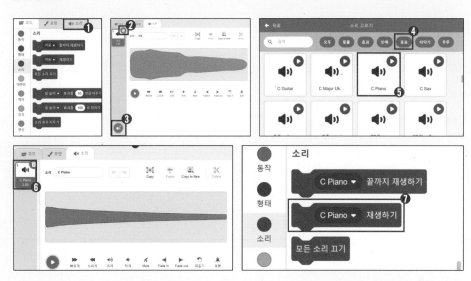

▶ Step3 '레'음 건반 – 연잎2

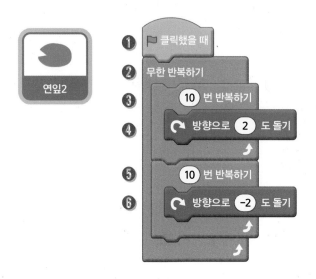

❶ 이벤트 팔레트의 🏳 클릭했을 때 블록을 가져와요.

❷ 프로젝트가 실행되는 동안 연잎2가 계속 움직일 수 있도록 제어 팔레트의 무한 반복하기 블록을 연결해요.

❸ 연잎2가 오른쪽, 왼쪽으로 회전하도록 코딩해요. 무한 반복하기 블록 안에 제어 팔레트의 10번 반복하기 블록을 넣어줘요.

❹ 오른쪽으로 조금씩 회전하도록 10번 반복하기 블록 안에 동작 팔레트의 오른쪽 방향으로 2도 돌기 블록을 넣어줘요.

❺ 이번에는 왼쪽으로 회전하게 코딩해요. 제어 팔레트의 10번 반복하기 블록을 연결해요.

❻ 10번 반복하기 블록 안에 동작 팔레트의 오른쪽 방향으로 –2도 돌기 블록을 넣어줘요.

 참고

동작 팔레트의 **오른쪽 방향으로 –2도 돌기** 블록은 **왼쪽 방향으로 2도 회전하기** 블록과 동일해요.

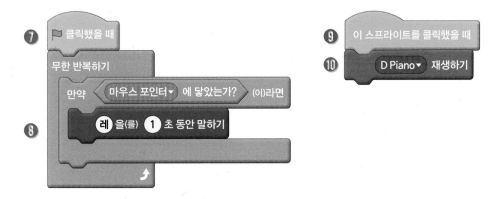

❼ 연잎1처럼 마우스 포인터에 닿았을 때 '레'를 말하도록 코딩해요. **Step2**의 ❼~⓫을 참고해요.

❽ 형태 팔레트의 안녕을 1초동안 말하기 블록을 가져와 레를 1초 동안 말하기 블록으로 바꿔서 만약 마우스 포인터에 닿았는가 라면 블록 안에 넣어줘요.

❾ 연잎2를 마우스로 클릭했을 때 '레'음이 연주되도록 코딩해요. 이벤트 팔레트의 이 스프라이트를 클릭했을 때 블록을 가져와요.

❿ **Step2**의 **효과음 추가하기**를 참고하여 효과음을 추가하고 소리 팔레트의 D Piano 재생하기 블록을 연결해요.

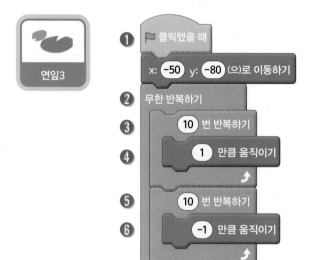

❶ 이벤트 팔레트의 🏳 클릭했을 때 블록을 가져와요. 연잎3의 시작위치를 정하기 위해 동작 팔레트의 x:○ y:○로 이동하기 블록을 가져와 x:-50 y:-80으로 이동하기 블록으로 바꾸고 연결해요.

❷ 프로젝트가 실행되는 동안 연잎3이 계속 움직일 수 있도록 제어 팔레트의 무한 반복하기 블록을 연결해요.

❸ 연잎3이 오른쪽, 왼쪽으로 움직이도록 코딩해요. 무한 반복하기 블록 안에 제어 팔레트의 10번 반복하기 블록을 넣어줘요.

❹ 오른쪽으로 움직이도록 동작 팔레트의 10만큼 움직이기 블록을 가져와 1만큼 움직이기 로 바꾸고 10번 반복하기 블록 안에 넣어줘요.

❺ 이번에는 왼쪽으로 움직이도록 코딩해요. 제어 팔레트의 10번 반복하기 블록을 연결해요.

❻ 왼쪽으로 움직이도록 동작 팔레트의 10만큼 움직이기 블록을 가져와 -1만큼 움직이기 로 바꾸고 10번 반복하기 블록 안에 넣어줘요.

❼ 연잎1처럼 마우스 포인터에 닿았을 때 '미'를 말하도록 코딩해요. **Step2**의 ❼~⓫을 참고해요.

❽ 형태 팔레트의 안녕을 1초 동안 말하기 블록을 가져와 미를 1초 동안 말하기 블록으로 바꿔서 만약 마우스 포인터에 닿았는가 라면 블록 안에 넣어줘요.

❾ 연잎3을 마우스로 클릭했을 때 '미'음이 연주되도록 코딩해요. 이벤트 팔레트의 이 스프라이트를 클릭했을 때 블록을 가져와요.

❿ **Step2**의 **효과음 추가하기**를 참고하여 효과음을 추가하고 소리 팔레트의 E Piano 재생하기 블록을 연결해요.

▶ Step5 **다른 연잎들**

연잎을 이용해서 도, 레, 미 건반을 만들었어요. 나머지 연잎들도 유사하게 움직임과 음을 말할 수 있도록 코드를 작성해 보아요. **Step2**의 ❼~⓫을 참고하여 다양한 움직임과 마우스가 닿으면 각각 파(F Piano), 솔(G Piano), 라(A Piano), 시(B Piano) 음을 말할 수 있도록 만들어 보세요. 미션확인에서 나머지 연잎의 코드를 참고할 수 있어요.(82~84쪽)

발레 고양

연잎1

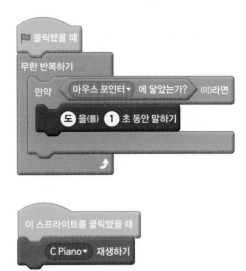

연잎2

연잎3

클릭했을 때

x: -50 y: -80 (으)로 이동하기

무한 반복하기
> 10 번 반복하기
>> 1 만큼 움직이기
> 10 번 반복하기
>> -1 만큼 움직이기

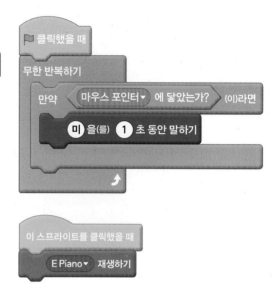

클릭했을 때

무한 반복하기
> 만약 마우스 포인터▼ 에 닿았는가? (이)라면
>> 미 을(를) 1 초 동안 말하기

이 스프라이트를 클릭했을 때
> E Piano▼ 재생하기

연잎4

클릭했을 때

무한 반복하기
> 방향으로 5 도 돌기

클릭했을 때

무한 반복하기
> 만약 마우스 포인터▼ 에 닿았는가? (이)라면
>> 파 을(를) 1 초 동안 말하기

이 스프라이트를 클릭했을 때
> F Piano▼ 재생하기

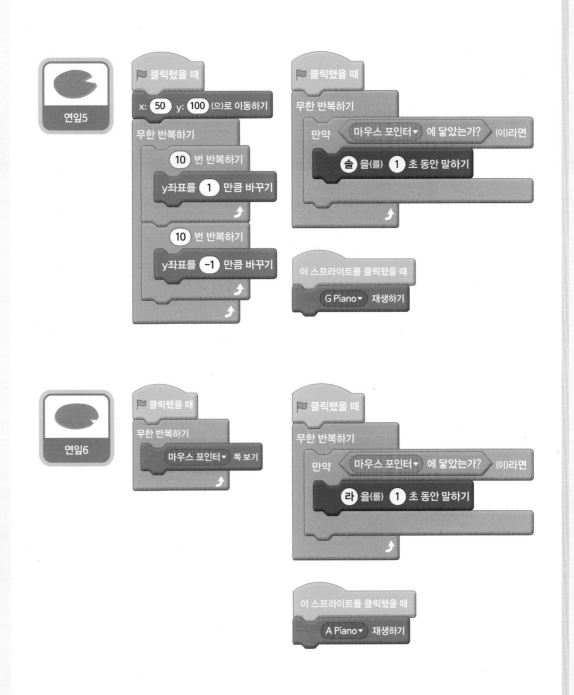

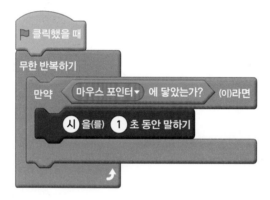

★꿀마법★

절대음감 퀴즈를 내보자. 스페이스바를 누르면 '도레미파솔라시' 중에 하나의 음을 재생하고 그 음을 찾아보아요.

▶ Step1 **문제를 내는 발레 고양이**

발레고양

❶ 발레 고양이 스프라이트가 문제를 낼 수 있도록 소리탭을 클릭해 음을 추가해요.

❷ 소리 추가 버튼을 눌러서 C piano(도), D piano(레), E Piano(미)를 추가해요. 연잎 건반을 더 만들었다면 F Piano(파), G Piano(솔), A Piano(라), B Piano(시)를 순서대로 추가해요.

❸ 번호순서대로 되지 않았다면 드래그하여 도레미파솔라시(C-D-E-F-G-A-B) 순으로 나열해요.

참 고

연잎1~연잎3까지만 코딩되어 있다면 "도레미"까지만 문제를 낼 수 있어요.

❹ 스페이스 키를 누르면 문제를 내도록 이벤트 팔레트의 스페이스 키를 눌렀을 때 블록을 가져와요.

❺ 변수 팔레트에서 변수 만들기 버튼을 클릭하여 변수 이름난에 '어떤음' 이라고 입력하고 ❻ 확인 버튼을 눌러서 어떤음 변수를 만들어요.

❼ 어떤음 블록의 값이 무대에 보이지 않도록 체크를 해제해요.

❽ 변수 팔레트에서 나의 변수를 0으로 정하기 블록을 가져와 '나의 변수'를 클릭하여 '어떤음'으로 바꿔요. 연산 팔레트에서 1부터 7사이의 난수 블록을 가져와 어떤음을 0으로 정하기 블록의 숫자 부분에 넣어줘요. 만약 연잎1-3까지만 코딩했다면 1부터 3사이의 난수 블록으로 연결해요.

❾ 소리 팔레트의 C Piano 끝까지 재생하기 블록을 가져와서 'C Piano' 칸에 변수 팔레트의 어떤음 블록을 넣어줘요. 컴퓨터가 도레미파솔라시 중에 한 음을 랜덤으로 재생할 수 있게 되었어요.

❿ 이벤트 팔레트의 메시지1 신호를 받았을 때 블록을 가져와요. 새로운 메시지를 클릭하여

⓫ 새로운 메시지 이름으로 '정답'을 입력하고 확인을 누르면 ⓬ 정답 신호를 받았을 때 블록으로 바뀌게 되요.

⓭ 정답 신호를 받게 되면 발레 고양이 정답이라고 말하도록 형태 팔레트의 안녕 2초 동안 말하기 블록을 가져와 정답을 2초 동안 말하기 블록으로 연결해줘요.

⓮ 프로젝트가 시작될 때 어떤음을 0으로 초기화 해줘요. 발레 고양이 스프라이트의 ▶ 클릭했을 때 코드 블록모음에서 변수 팔레트의 어떤음을 0으로 정하기 블록을 끼워줘요.

▶ Step2 **각 연잎이 정답을 확인해줘요.**

각 연잎은 어떤음이랑 자신의 음이 같은지 확인해보고 맞으면, 정답 신호를 발레 고양이에게 보내요.

❶ 연잎1 스프라이트에서 이 스프라이트를 클릭했을 때 코드 블록아래에 정답을 확인해보아요. 제어 팔레트의 만약~라면 블록을 가져와요.

❷ 변수 팔레트의 어떤음 블록을 가져와서 연산 팔레트의 ○=○ 블록의 첫 번째 칸에 넣어주고, 두 번째 칸에는 1 을 입력해요.

어떤음=1의 의미는 발레 고양이의 소리에 등록된 음의 번호예요. 1은 C Piano(도)를 의미해요. 만약 발레 고양이가 낸 문제가 C Piano 음이었다면 연잎1은 발레 고양이에게 정답 신호를 보냅니다.

❸ 어떤음 = 1 블록을 만약~라면 블록의 조건 칸에 넣어줘요.

❹ 이벤트 팔레트의 메시지1 신호 보내기 블록을 가져와 정답 신호 보내기 블록으로 바꿔서 만약 어떤음 = 1 이라면 블록 안에 넣어줘요.

▶ Step3 **다른 연잎들도 동일하게 정답을 알려줘요.**

발레 고양이의 소리 리스트에 들어있는 순서대로 음을 확인해야 해요.

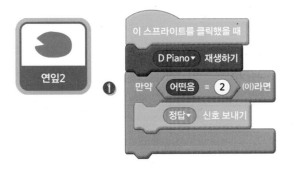

❶ 만약 발레 고양이가 낸 문제가 D Piano 음(레)이었다면 연잎2는 발레 고양이 에게 정답 신호를 보내요.

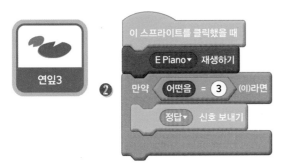

❷ 만약 발레 고양이가 낸 문제가 E Piano 음(미)이었다면 연잎3은 발레 고양이에게 정답 신호를 보내요.

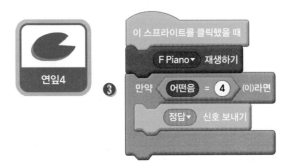

❸ 만약 발레 고양이가 낸 문제가 F Piano 음(파)이었다면 연잎4는 발레 고양이에게 정답 신호를 보내요.

❹ 만약 발레 고양이가 낸 문제가 G Piano 음(솔)이었다면 연잎5는 발레 고양이에게 정답 신호를 보내요.

❺ 만약 발레 고양이가 낸 문제가 A Piano 음(라)이었다면 연잎6은 발레 고양이에게 정답 신호를 보내요.

❻ 만약 발레 고양이가 낸 문제가 B Piano 음(시)이었다면 연잎7은 발레 고양이 에게 정답 신호를 보내요.

자! 이제 스페이스 키를 눌러서 들리는 음을 맞춰보아요!

옵아트, 다른 그림 찾기

06

옵아트 Op art/Optical art는 기하학적 형태나 시각적 착각을 다룬 추상미술이에요. 평행선이나 동심원 같은 단순하고 반복되는 형태의 화면을 의도적으로 조작해서, 관람자는 그림이 움직이는 듯한 착시를 느끼게 됩니다. 이런 현상을 이용해 코딩을 해볼까요?

❶ 이번 미션은 뭘까?

여러 개의 펭귄 중에 오직 한 마리만 다른 모습을 하고 있어요. 다른 펭귄이 어디 있는지 찾아보아요.

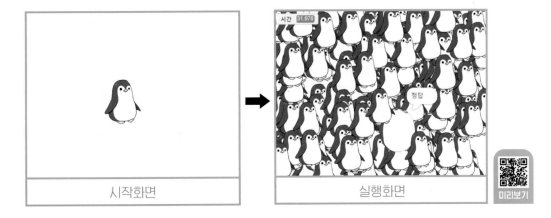

시작화면 → 실행화면

미리보기

❷ 어떻게 해결할 수 있을까?

다른 펭귄 찾기를 만들려면?

(펭귄1)200마리 만들기 ➡ (펭귄2)정답한마리 ➡ (펭귄1)5-10마리 정도 만들기

여러 마리 복제하고, 찾아야 할 펭귄모양을 복제하고, 또 여러 마리 복제를 복제하면 찾아야 할 펭권의 위치를 잘 숨길 수 있어요.

펭귄1모양이 여러 마리 만들어진다. 다른 모습의 펭귄2모양이 한번 만들어지고 난 뒤 다시 몇 마리의 펭귄1모양이 만들어진다.

마우스가 펭귄에 닿으면 펭귄모습이 볼록 부풀어 오른다.

다른 펭귄 모양을 찾아서 클릭하면 정답이라고 말한다.

❸ 우리에게 필요한 마법 블록

▶ 감지하기

사람이 가지고 있는 감각

사람에게는 보고, 듣고, 맛보고, 냄새를 맡고, 만질 수 있는 감각이 있는 것처럼 스프라이트도 감각을 가지고 있어요. 특정한 색에 닿았는지, 다른 스프라이트에 닿았는지, 마우스가 클릭했는지, 마우스 포인터에 닿았는지를 알 수 있어요. 대부분 육각형 모양의 블록이거나 둥근 모양의 블록들이에요.

스프라이트가 가지고 있는 감각

팔레트	블록	기능설명
감지	마우스를 클릭했는가?	마우스의 위치에 상관없이 마우스의 클릭 여부를 판단해요.
	마우스 포인터▾ 에 닿았는가? ✓ 마우스 포인터 벽 스프라이트 1	스프라이트가 마우스에 닿았는지를 체크해요. 드롭다운버튼(역삼각형)을 누르면 스프라이트가 벽에 닿았는지, 다른 스프라이트에 닿았는지 선택할 수 있어요. 게임에서는 충돌했는지 알아볼 수 있어요.
	마우스 포인터▾ 에 닿았는가? 그리고 마우스를 클릭했는가?	특정 스프라이트를 클릭했는가를 체크하려면 마우스 포인터에 닿았는가와 마우스를 클릭했는가의 두 조건이 만족해야 해요.
	타이머	프로젝트가 시작한 뒤 흐르는 타이머 값이 저장되어 있어요.
	타이머 초기화	타이머가 다시 시작되요.

참고

프로젝트가 실행 중일 때 타이머는 멈추지 않아요. 원하는 시점에 타이머의 값을 사용하고 싶다면 변수를 만들어 타이머의 값을 저장해서 사용해요.

④ 코딩해보자

▶ 재료 준비하기

[파일]메뉴에서 Load from your computer를 클릭해 6_다른그림찾기_예제.sb3 파일을 불러와요.

6_다른그림찾기_예제.sb3

스프라이트

펭귄

▶ Step1 **꼭꼭 숨어라. 펭귄들 속의 또 다른 펭귄**

❶ 프로젝트가 시작되면 펭귄은 보이지 않도록 해요. 이벤트 팔레트의 🚩 클릭했을 때 블록 아래에 형태 팔레트의 숨기기 블록을 연결해요.

❷ 펭귄1 모양으로 여러 마리를 복제하기 위해 모양을 정해줘요. 형태 팔레트 모양을 펭귄1로 바꾸기 블록을 연결해요.

❸ 펭귄1을 여러 마리 만들어서 화면에 가득 채워 보아요. 여러 마리를 만들기 위해 제어 팔레트의 10번 반복하기 블록을 가져와 200번으로 바꾸어요. 제어 팔레트의 나자신 복제하기 블록을 200번 반복하기 블록 안에 넣어줘요. 이제 펭귄1모양을 가진 200개가 만들어졌어요.

❹ 이번에는 우리가 찾을 다른 모양 펭귄 한 마리를 만들어요. 먼저 모양을 바꾸기 위해 형태 팔레트의 모양 펭귄2로 바꾸기 블록을 연결하고 제어 팔레트의 나자신 복제하기 블록을 연결해요.

❺ 다시 펭귄1모양으로 여러 마리 복제해요. 형태 팔레트의 모양을 펭귄1로 바꾸기 블록을 연결하고 제어 팔레트의 10번 반복하기 블록을 연결해요.

❻ 찾아야 하는 펭귄2가 가려지지 않을 정도로 펭귄1을 5~10개를 더 복제해요. 정해진 횟수로 복

제를 하면 펭귄2모양을 쉽게 찾을 수 있기 때문에 컴퓨터가 임의로 정한 횟수로 복제하도록 연산 팔레트의 ○부터 ○사이의 난수 블록을 ○번 반복하기 숫자 칸에 넣고, 5부터 10사이의 난수 블록으로 바꾸어요.

❼ 5부터 10사이의 난수 번 반복하기 블록 안에 제어 팔레트의 나자신 복제하기 블록을 넣어줍니다.

이제 문제를 다 만들었어요. 찾아보기 단계로 넘어가볼까요?

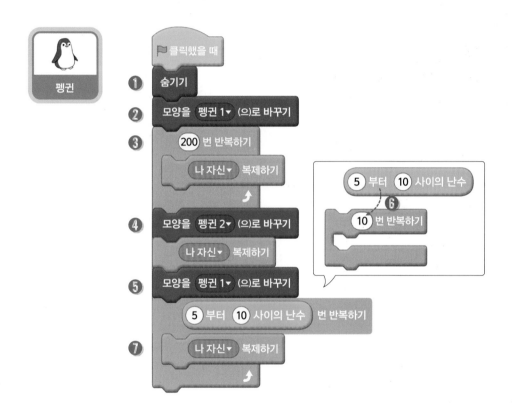

▶ Step2 **나 찾아봐라**

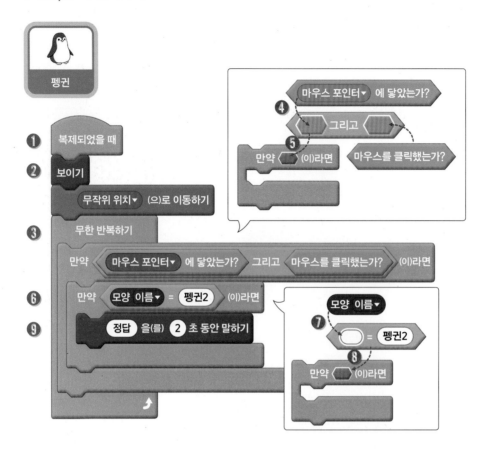

❶ 이제까지 복제만 했기 때문에 복제된 모든 스프라이트가 같은 위치에 있어서 한 마리의 펭귄만 보여요. 복제된 스프라이트들이 무대 여기 저기에 흩어지도록 코딩해요. 제어 팔레트의 복제되었을 때 블록을 가져와요.

❷ 복제된 스프라이트들이 무대의 여러 곳에 이동해서 나타나도록 형태 팔레트의 보이기 블록과 동작 팔레트의 무작위 위치로 이동하기 블록을 연결해요.

❸ 마우스로 다른 모양 펭귄을 찾을 때까지 계속 검사할 수 있도록 제어 팔레트의 무한 반복하기 블록을 가져와요.

❹ 다른 모양 펭귄2을 클릭했는가를 체크하기 위해서 연산 팔레트의 ○그리고○ 블록 안에 감지 팔레트의 마우스 포인터에 닿았는가? 블록과 마우스를 클릭했는가? 블록을 넣어줘요.

❺ 제어 팔레트의 만약~라면 블록의 조건 칸에 ❹에서 완성된 블록을 넣어요.

❻ ❺에서 완성된 `만약` `마우스 포인터에 닿았는가?` `그리고` `마우스를 클릭했는가?` `라면` 블록 안에 클릭한 스프라이트가 정답인지 체크해요. 제어 팔레트의 `만약~라면` 블록을 넣어줘요.

❼ `만약~라면` 블록의 조건 칸에 들어갈 조건식을 완성해요. 형태 팔레트의 `모양 번호` 블록을 가져와 '번호'를 클릭하여 '이름'으로 바꿔요.

❽ 연산 팔레트의 `○ = ○` 블록의 첫 번째 칸에 `모양 이름` 블록을 넣어주고, 두 번째 칸에 정답이 되는 다른 모양의 이름 '펭귄2'를 입력해요. 완성된 조건을 `만약~라면` 블록의 조건 칸에 넣어줘요.

❾ ❽에서 완성된 `만약` `모양이름` `=` `펭귄2` `라면` 블록 안에 정답이라고 말하게 해요. 형태 팔레트의 `정답을 2초 동안 말하기` 블록을 넣어줘요.

▶ Step3 **마우스를 가져다 대면 볼록거려요.**

펭귄

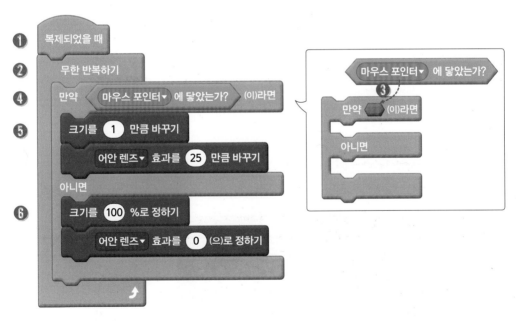

❶ 제어 팔레트의 `복제되었을 때` 블록을 하나 더 가져와요.

❷ 마우스 포인터에 닿았는지 계속 체크하기 위해 제어 팔레트에서 `무한 반복하기` 블록을 가져와요.

❸ 제어 팔레트의 `만약~라면~아니면` 블록의 조건 칸에 감지 팔레트의 `마우스 포인터에 닿았는가?` 블록을 넣어줘요.

❹ ❸에서 완성된 `만약 마우스 포인터에 닿았는가? 라면` 블록을 `무한 반복하기` 블록 안에 넣어줘요.

❺ `만약~라면` 블록 안에 마우스 포인터에 닿아 있는 동안은 계속 크기가 1만큼씩 커지도록 형태 팔레트에서 `크기를 1만큼 바꾸기`를 넣어줍니다. 볼록 효과를 위해 형태 팔레트의 색깔 효과를 25만큼 바꾸기 블록을 가져와 `어안렌즈 효과를 25만큼 바꾸기` 블록으로 바꾸어 연결해요.

❻ 마우스 포인터에 닿지 않았을 때는 크기와 효과를 원래대로 바꾸어 줍니다. `만약~라면~아니면` 블록 안에 형태 팔레트의 `크기를 100%로 정하기` 블록과 색깔효과를 0으로 정하기 블록을 가져와서 `어안렌즈 효과를 0으로 정하기` 블록으로 바꾸어서 연결해요.

+ 융합 지식 정보(과학+예술) +

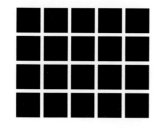

도깨비도로를 아시나요? 내리막길에 세워둔 차가 거꾸로 언덕으로 올라가는 것처럼 보이는 착시 현상이 일어나는 도로예요. 사실은 '주변 지형 때문에 시각적으로 착각'을 하게 되는 건데요. 이러한 착오는 왜 생기는 걸까요? 우리가 눈으로 뭔가를 관찰할 때 시각과 같은 감각 기관에 의해서만 이뤄지는 게 아니라, 정보가 뇌에 전달되어 인식되는 과정에서 정보가 변형될 가능성이 있는 거라고 해요. 예를 들어 빨간색을 계속 보고 있다가 흰 면을 보면 빨간색의 보색이 보이는 것처럼요. 이런 효과를 잘 이용한 미술 형태를 **옵아트**라고 합니다.

Q 검은색 사각형 사이에 무엇이 보이나요?

A 검은 사각형들이 그 사이에 있는 흰색 선에 영향을 주어 사각형 사이에 회색의 점이 나타났다가 사라지는 게 보이시나요?

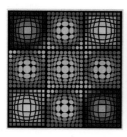 

옵아트
빅토르 바자렐리 〈Dyevat〉(왼쪽)
〈얼룩말〉(오른쪽)

펭귄

클릭했을 때

숨기기

모양을 펭귄 1▼ (으)로 바꾸기

200 번 반복하기

나 자신▼ 복제하기

모양을 펭귄 2▼ (으)로 바꾸기

나 자신▼ 복제하기

모양을 펭귄 1▼ (으)로 바꾸기

5 부터 10 사이의 난수 번 반복하기

나 자신▼ 복제하기

복제되었을 때

무한 반복하기

만약 마우스 포인터▼ 에 닿았는가? (이)라면

크기를 1 만큼 바꾸기

어안 렌즈▼ 효과를 25 만큼 바꾸기

아니면

크기를 100 %로 정하기

어안 렌즈▼ 효과를 0 (으)로 정하기

복제되었을 때

보이기

무작위 위치▼ (으)로 이동하기

무한 반복하기

만약 마우스 포인터▼ 에 닿았는가? 그리고 마우스를 클릭했는가? (이)라면

만약 모양 이름▼ = 펭귄2 (이)라면

정답 을(를) 2 초 동안 말하기

얼마나 빨리 찾았는지 시간을 체크해보아요.

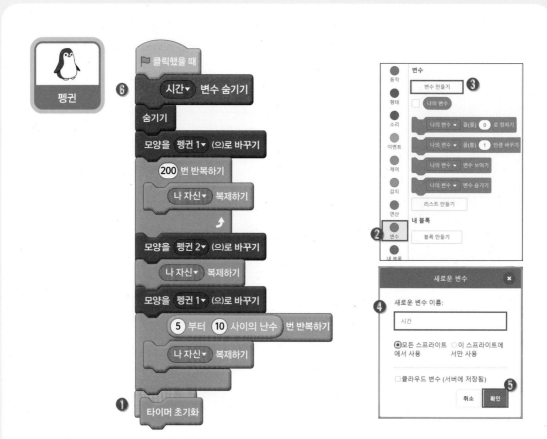

문제를 만들고 난 뒤 시간을 체크해요.

❶ Step1에서 작성한 블록 모음 아래에 감지 팔레트의 타이머 초기화 블록을 연결해요. 펭귄들을 모두 복제하고 난 뒤에 타이머가 작동해요.

❷ 변수 팔레트에서 ❸ 변수 만들기를 클릭해요.

❹ 새로운 변수 창에서 변수이름을 '시간'으로 입력하고 ❺ 확인을 눌러요.

❻ 프로젝트가 시작될 때 시간 변수가 보이지 않도록 변수 팔레트에서 `시간 변수 숨기기` 블록을 초록색 깃발 🏴 `클릭했을 때` 블록 아래에 넣어요.

```
복제되었을 때
보이기
무작위 위치▾ (으)로 이동하기
무한 반복하기
  만약 < 마우스 포인터▾ 에 닿았는가? > 그리고 < 마우스를 클릭했는가? > (이)라면
    만약 < 모양 이름▾ = 펭귄2 > (이)라면
❼ ⑧  시간▾ 을(를) 타이머 로 정하기
   ⑨  시간▾ 변수 보이기
       정답 을(를) 2 초 동안 말하기
```

❼ 변수 팔레트에서 `나의 변수를 0으로 정하기` 블록을 가져와 '나의 변수'글자를 클릭하여 '시간'으로 바꾸고 감지 팔레트의 `타이머` 블록을 가져와 숫자칸에 넣어줘요.

❽ `시간을 타이머 로 정하기` 블록을 `정답을 2초 동안 말하기` 블록 위에 끼워줍니다. 이제 다른 모양 펭귄을 클릭하면 찾는데 걸린 시간이 나타나요.

❾ 다른 모양 펭귄을 찾는데 걸린 시간을 보여주기 위해 변수 팔레트의 `시간 변수 보이기` 블록을 연결해요.

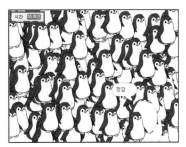

2부

문학 코딩

어린 왕자, 장미꽃 보살피기

07

프랑스 작가인 생텍쥐페리의 동화로, 자신이 사는 별에 장미꽃을 남겨 두고 여행을 떠난 어린 왕자가 사막에 불시착하고 한 마리 여우를 만나요. 여우에게 인연의 소중함과 자신이 책임져야 할 존재에 대한 깨달음을 얻는 이 이야기를 코딩에서 표현해볼까요?

① 이번 미션은 뭘까?

어린 왕자와 장미가 사는 행성에는 날씨가 자주 바뀌어요. 바람이 불기도 하고, 햇볕이 쨍쨍할 때도 있고, 비가 내리기도 해요. 어린 왕자는 장미를 정성스럽게 돌보아요.

시작화면

실행화면

미리보기

② 어떻게 해결할 수 있을까?

해, 바람, 비구름이 바뀌면서 무대에서 움직인다.

해가 있으면 "목말라", 비구름이면 "비가오네", 바람이 불면 "추워" 라고 말한다.

날씨에 따라 아이템을
무대 오른쪽에서 가져와서 장미를 돌봐준다.
오른쪽, 왼쪽 화살표 키로 움직인다.

날씨에 따라 아이템 모양이 바뀌고
어린 왕자에게 닿으면 어린 왕자를 따라간다.
장미꽃에 닿으면 장미가 있는 곳에 위치한다.

❸ 우리에게 필요한 마법 블록

▶ 난수 블록

여러 개의 구슬 중에 하나를 뽑거나, 주사위를 던지거나, 동전의 앞뒤를 정하는 것을 **난수**라고해요.

난수 블록은 게임에서 많이 활용되는 블록이에요. 마치 주사위를 굴려서 어떤 숫자가 나올지 알수 없는 것처럼 컴퓨터가 지정한 범위내에서 숫자를 골라주는 블록이에요.

스프라이트 모양을 다양하게 바꾸거나, 게임에서 적이 나타나는 시간이나 위치를 난수 블록으로사용하면 게임의 긴장감을 높일 수 있어요.

팔레트	블록	기능설명
연산	1 부터 10 사이의 난수	1부터 10사이에 있는 수 중 하나를 랜덤으로 뽑아 알려줘요. 난수 블록, 랜덤 블록이라고 불려요.
	◯ > 50 ◯ < 50 ◯ = 50	양쪽 칸에 들어있는 정보를 비교하여 참 또는 거짓을 나타내요.

▶ 감지 블록

키보드, 마우스, 스프라이트, 무대 등의 상태를 알수 있어요.

팔레트	블록	기능설명
감지	스페이스▾ 키를 눌렸는가? ✓ 스페이스 위쪽 화살표 아래쪽 화살표 오른쪽 화살표	키보드의 특정 키가 눌려졌는지 체크하는 블록이에요.
	무대▾ 의 배경번호▾ ✓ 무대 날씨 장미 아이템 어린 왕자 무대▾ 의 배경번호▾ ✓ 배경 번호 배경 이름 음량 나의 변수	무대나 다른 스프라이트의 상태를 알아보는 블록이에요. 첫 번째 부분은 무대 또는 다른 스프라이트를 선택할 수 있어요. 두 번째 부분은 선택한 무대나 다른 스프라이트의 좌표, 방향, 크기, 모양들을 선택해 정보를 활용할 수 있어요.

▶ 재료 준비하기

[파일]메뉴에서 Load from your computer를 클릭해 7_어린 왕자_예제.sb3 파일을 불러와요.

7_어린 왕자_예제.sb3

스프라이트

배경

▶ Step1 변덕쟁이 날씨

❶ 이벤트 팔레트의 `클릭했을 때` 블록을 가져와요. 날씨가 계속 움직일 수 있도록 제어 팔레트의 `무한 반복하기` 블록을 연결해요.

❷ 조금씩 움직이다가 벽에 닿게 되면 반대방향으로 움직이도록 코딩해요. 동작 팔레트의 `1만큼 움직이기` 블록과 `벽에 닿으면 팅기기` 블록을 `무한 반복하기` 블록 안에 넣어요.

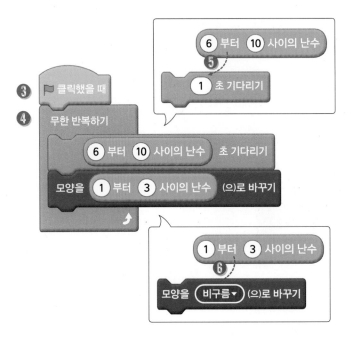

❸ 모양을 자동으로 바꾸기 위해서 이벤트 팔레트의 🏳클릭했을 때 블록을 하나 더 꺼내와요.

❹ 날씨가 계속 바뀌도록 제어 팔레트의 무한 반복하기 블록을 연결해요.

❺ 날씨가 6초에서 10초 사이마다 바뀌도록 코딩해요. 제어 팔레트의 1초 기다리기 블록에서 '1' 대신 연산 팔레트의 1부터 10사이의 난수 블록을 가져와 6부터 10사이의 난수 로 바꿔 연결해요.

❻ 모양도 태양, 비구름, 바람 모양이 임의로 바뀌게 코딩해요. 형태 팔레트의 모양을 비구름으로 바꾸기 블록을 가져오고 비구름 칸에 연산 팔레트의 1부터 10사이의 난수 블록을 1부터 3사이의 난수 로 바꿔서 연결해요.

▶ Step2 **장미꽃**

❶ 이벤트 팔레트의 🏳클릭했을 때 블록을 가져와요. 장미꽃이 심겨져 있는 위치를 지정하기 위해 동작 팔레트의 x:-140 y:-80으로 이동하기 블록을 연결해요

❷ 날씨를 계속 체크하기 위해서 제어 팔레트의 무한 반복하기 블록을 연결해요.

❸ 날씨가 태양인지 조건을 체크하기 위해 제어 팔레트의 만약~라면 블록을 무한 반복하기 블록 안에 넣어요.

❹ 감지 팔레트에서 무대의 배경번호 블록을 가져와요. '무대' 글자를 클릭하여 '날씨'로 바꾸고, 'x

장미

① ⚑ 클릭했을 때

x: -140 y: -80 (으)로 이동하기

② 무한 반복하기

③ 만약 〈 날씨▾ 의 모양이름▾ = 태양 〉 (이)라면

⑤ 목말라 말하기

만약 〈 날씨▾ 의 모양이름▾ = 비구름 〉 (이)라면

비가 오네 말하기

⑥ 만약 〈 날씨▾ 의 모양이름▾ = 바람 〉 (이)라면

추워 말하기

⑦

④ 날씨▾ 의 모양이름▾

〈 ◯ = 태양 〉

만약 〈 ⬡ 〉 (이)라면

'좌표'글자를 클릭하여 '모양이름'으로 바꾸어서 날씨의 모양이름 을 알아내는 블록으로 만들 어요. 연산 팔레트의 ◯ = ◯ 블록을 꺼내고 첫 번째 칸에 날씨의 모양이름 블록을 넣고 두 번째 칸에 태양 을 입력해요. 완성된 블록을 만약~라면 블록의 조건 칸에 넣어줍니다.

❺ 날씨가 태양이라면 형태 팔레트의 안녕 말하기 블록을 가져와 목말라 말하기 블록으로 바꿔 서 연결해요.

❻ ❸~❺을 참고하여 날씨가 비구름이라면 장미꽃은 '비가오네' 라고 말하도록 코딩해요.

❼ ❸~❺을 참고하여 날씨가 바람이라면 장미꽃은 '추워' 라고 말하도록 코딩해요.

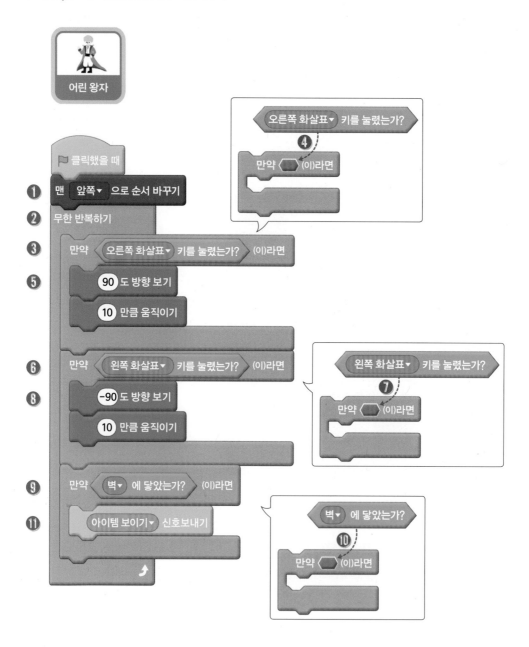

❶ 이벤트 팔레트의 🏳클릭했을 때 블록을 가져와요. 형태 팔레트의 맨 앞쪽으로 순서 바꾸기 블록을 연결해서 어린 왕자가 다른 스프라이트에 가려지지 않도록 해요.

❷ 방향키를 사용해서 어린 왕자를 움직여보아요. 사용자가 화살표 키를 눌렀는지, 벽에 닿았는지 계속 체크하기 위해서 제어 팔레트의 무한 반복하기 블록을 연결해요.

무한 반복하기 블록 안에 만약~라면 블록이 세개가 나란히 들어가요. 만약~라면 블록 안에 만약~라면 블록이 들어가지 않도록 주의해요.

❸ 사용자가 오른쪽 화살표 키를 눌렀는지 체크하기 위해 제어 팔레트의 만약~라면 블록을 무한 반복하기 블록 안에 넣어요.

❹ 감지 팔레트에서 스페이스 키를 눌렀는가 블록을 가져와서 오른쪽 화살표 키를 눌렀는가 로 바꾸고, 만약~라면 블록의 조건 칸에 넣어줘요.

❺ 오른쪽 화살표 키를 누르게 되면 어린 왕자가 오른쪽방향(90도)을 보고 움직여요. ❹에서 완성된 블록 안에 동작 팔레트의 90도 방향보기 블록과 10만큼 움직이기 블록을 넣어줘요.

❻ 이번에는 왼쪽으로도 움직일 수 있게 코딩해요. 제어 팔레트의 만약~라면 블록을 무한 반복하기 블록 안에 넣어요.

❼ 감지 팔레트에서 스페이스 키를 눌렀는가 블록을 가져와서 왼쪽화살표 키를 눌렀는가 로 바꾸고, 만약~라면 블록의 조건 칸에 넣어줘요.

❽ 왼쪽 화살표 키를 누르게 되면 어린 왕자가 왼쪽방향(-90도)을 보고 움직여요. ❼에서 완성된 블록 안에 동작 팔레트의 -90도 방향보기 블록과 10만큼 움직이기 블록을 넣어줘요.

❾ 오른쪽 벽에는 장미를 돌볼 아이템들이 있어요. 어린 왕자가 오른쪽 벽에 닿았는지 체크하기 위해 제어 팔레트의 만약~라면 블록을 무한 반복하기 블록 안에 넣어요.

❿ 감지 팔레트에서 마우스 포인터에 닿았는가 블록을 가져와서 벽에 닿았는가 블록으로 바꾸고, 만약~라면 블록의 조건 칸에 넣어줘요.

⓫ 어린 왕자가 벽에 닿게 되면 장미를 돌볼 아이템이 보일 수 있도록 아이템 스프라이트에 신호를 보내 보아요. 이벤트 팔레트의 메시지1 신호 보내기 블록을 가져와 새로운 메시지를 클릭해요. 새로운 메시지 이름 칸에 '아이템보이기'로 입력한 후 확인을 누르면 아이템 보내기 신호보내기 블록이 만들어져요. 아이템 보내기 신호 보내기 블록을 ❿에서 완성한 만약 벽에 닿았는가 라면 블록 안에 넣어줘요.

▶ Step4 **날씨에 따라 바뀌는 아이템**

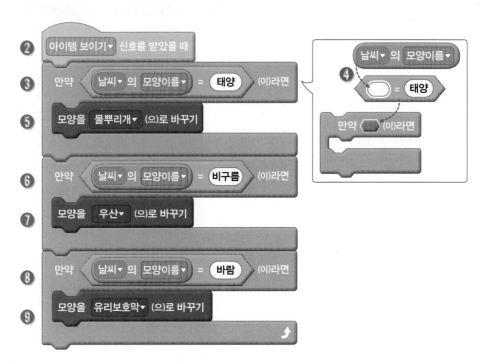

❶ 프로젝트가 시작되면 아이템은 보이지 않아요. 이벤트 팔레트의 클릭했을 때 블록을 가져 와요. 형태 팔레트의 숨기기 블록을 연결해요.

❷ 이벤트 팔레트의 메시지1 신호를 받았을 때 블록을 가져와 '메시지1'을 클릭하여 아이템 보이기 신호를 받았을 때 블록으로 바꿔요.

❸ 아이템을 날씨에 맞는 모양으로 바꾸기를 해보아요. 제어 팔레트의 만약~라면 블록을 가져 와요.

❹ 감지 팔레트에서 무대의 배경번호 블록을 가져와요. '무대' 글자를 클릭하여 '날씨'로 바꾸고, 'x 좌표'글자를 클릭하여 '모양이름'으로 바꾸어서 날씨의 모양이름 을 알아내는 블록으로 만들 어요. 연산 팔레트의 ○=○ 블록을 꺼내고 첫 번째 칸에 날씨의 모양이름 블록을 넣고 두 번

째 칸에 태양 을 입력해요.

❺ 날씨가 태양일 경우 물뿌리개를 준비해요. 만약 날씨의 모양이름 = 태양 이라면 블록 안에 아이템의 모양을 바꿔줍니다. 형태 팔레트의 모양을 물뿌리개로 바꾸기 블록을 넣어줘요.

❻ ❸~❺의 과정과 동일해요. 제어 팔레트의 만약~라면 블록을 연결하고 조건 칸에 날씨의 모양이름이 비구름과 같은지 체크하는 블록을 만들어 넣어줘요.

❼ 비가 올 때는 아이템모양을 우산으로 바꿔줍니다. 형태 팔레트의 모양으로 우산으로 바꾸기 블록을 ❻의 블록 안에 넣어줘요.

❽ ❸~❺의 과정과 동일해요. 제어 팔레트의 만약~라면 블록을 연결하고 조건 칸에 날씨의 모양이 바람과 같은지 체크하는 블록을 만들어 넣어줘요.

❾ 바람이 불 때는 아이템 모양을 유리보호막으로 바꿔줍니다. 형태 팔레트의 모양을 유리보호막으로 바꾸기 블록을 연결해요.

▶ Step5 **어린 왕자를 따라 움직이는 아이템**

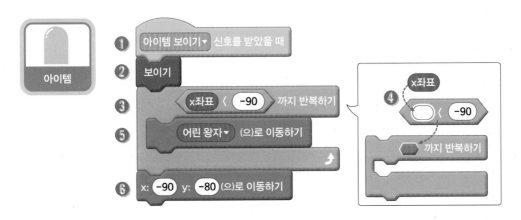

❶ 이벤트 팔레트의 메시지1 신호를 받았을 때 블록을 하나 더 가져와서 '메시지1'을 클릭하여 아이템 보이기 신호를 받았을 때 블록으로 바꿔요.

❷ 아이템보이기 신호를 받았을 때 아이템이 보이도록 형태 팔레트의 보이기 블록을 연결해요.

❸ 장미가 있는 곳까지 어린 왕자와 함께 움직일 수 있도록 코딩해요. 제어 팔레트의 ~까지 반복하기 블록을 연결해요.

❹ ~까지 반복하기의 조건 칸에 아이템의 좌표가 −90(장미꽃이 있는 위치)보다 작게 될 때까지

반복하도록 코딩해요. 연산 팔레트의 ○＜○ 블록을 가져와 첫 번째 칸에는 동작 팔레트의 x좌표 블록을 넣어주고, 두 번째 칸에는 -90 을 입력해요. 완성된 x좌표 ＜-90 블록을 ~까지 반복하기 의 조건 칸에 넣어줘요.

❺ 아이템의 x좌표가 -90보다 작게 될 때까지 어린 왕자를 따라 다니도록 동작 팔레트의 무작위 위치로 이동하기 블록을 가져와 '무작위 위치'를 클릭하여 어린 왕자로 이동하기 블록으로 바꿔주고 x좌표 ＜-90 까지 반복하기 블록 안에 넣어줘요.

❻ x좌표가 -90보다 작게 되었을 때 장미꽃 위에 아이템이 놓이도록 동작 팔레트의 x: -90 y: -80 으로 이동하기 블록을 연결해줘요.

날씨

▶ 클릭했을 때

무한 반복하기
> 1 만큼 움직이기
> 벽에 닿으면 튕기기

▶ 클릭했을 때

무한 반복하기
> 6 부터 10 사이의 난수 초 기다리기
> 모양을 1 부터 3 사이의 난수 (으)로 바꾸기

장미

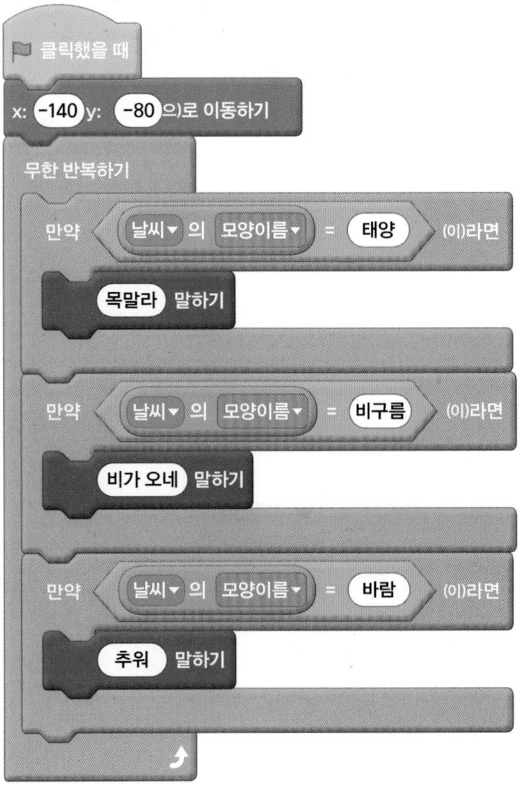

▶ 클릭했을 때

x: -140 y: -80 (으)로 이동하기

무한 반복하기
> 만약 날씨▼ 의 모양이름▼ = 태양 (이)라면
>> 목말라 말하기
> 만약 날씨▼ 의 모양이름▼ = 비구름 (이)라면
>> 비가 오네 말하기
> 만약 날씨▼ 의 모양이름▼ = 바람 (이)라면
>> 추워 말하기

어린 왕자

아이템

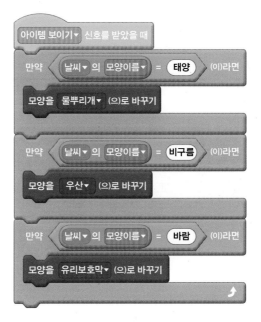

어린 왕자에게 말동무가 되어줄 친구를 보내줄까요?

▶ **Step1 누구를 보낼까요?**

❶ 여러분이 어린 왕자에게 보내줄 친구를 추가해요.

❷ 여우를 찾으려면 동물 카테고리를 눌러 쉽게 찾을 수 있어요.

❸ 선택한 스프라이트가 무대 화면에 보이고 스프라이트 목록창에 나타나요.

❹ 스프라이트를 클릭하여 내가 원하는 위치로 드래그 해서 옮겨줘요.

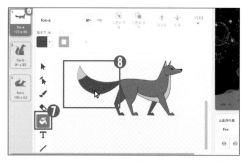

❺ 모양탭을 클릭하면 스프라이트의 모양을 편집할 수 있어요.

❻ 색을 선택하고 ❼ 채우기 버튼을 선택해요.

❽ 여우의 몸, 다리, 꼬리를 클릭하면 선택한 색으로 바뀌어요.

❾ 여우 스프라이트는 모양이 3가지가 있으므로 빨강, 파랑, 노랑 외에도 다양한 색깔의 여우로 꾸며 보아요.

❿ 여우의 모양을 바꾸기 위해 코드탭을 클릭해요.

⓫ 이벤트 팔레트의 ⚑클릭했을 때 블록을 가져와요. 제어 팔레트의 무한 반복하기 블록을 연결하고 0.1초 기다리기 블록을 안에 넣어줘요. 형태 팔레트의 다음 모양으로 바꾸기 블록을 연결해요. 0.1초마다 꾸민 스프라이트의 모양이 바뀌어요.

헨젤과 그레텔, 마법사와 함께 쿠키 만들기

독일의 언어학자이자 작가인 그림형제가 《어린이와 가정을 위한 동화집》에 쓴 이야기예요. 숲 속에서 길을 잃은 헨젤과 그레텔이 과자로 만든 집을 발견하지만, 마녀 할머니에게 붙잡혔다가 어려운 상황을 극복하고 희망을 찾게 되지요. 우리는 이번에 숲 속에 있던 과자집을 코딩으로 만들어보아요!

❶ 이번 미션은 뭘까?

길을 잃은 헨젤과 그레텔이 숲속에서 마법사를 만났어요. 마법사가 쿠키를 만드는 것을 도와 달라고 해요. 마법사와 함께 쿠키를 만들어 볼까요?

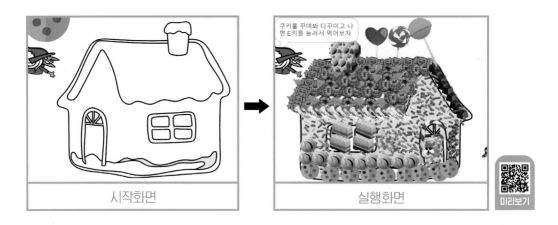

시작화면

실행화면

미리보기

❷ 어떻게 해결할 수 있을까?

마법사는 쿠키를 만드는 방법을 알려줘요.

여러가지 집 모양 쿠키를 선택하고 스페이스 키를 눌러서 장식들을 바꿔가며 마우스로 클릭하여 쿠키집을 완성해요. 쿠키집이 완성이 되었다면 '와그작' 먹는 것을 표현해요.

과자집 만드는 방법을 설명한다.

위쪽 화살표 키를 이용해서 꾸밀 과자집을 정한다.

마우스를 클릭하여 과자집을 장식한다. 스페이스 키를 누르면 다른 장식 모양으로 바뀐다. e키를 눌러서 먹기 스프라이트에게 신호를 보낸다.

신호를 받으면 먹기 스프라이트가 나타나고 마우스로 과자집을 클릭할 때마다 먹는 소리와 함께 먹은 자국이 나타난다.

❸ 우리에게 필요한 마법 블록

모든 스프라이트는 펜을 가지고 있어요. 펜으로 선을 그릴 수 있고, 도장을 무대에 찍을 수도 있어요.

▶ 펜 블록 추가하기

팔레트	블록	기능설명
✏️ 펜	모두 지우기	펜 블록으로 그려진 흔적을 한번에 지워 줘요.
	도장 찍기	스프라이트 모습이 도장 찍은듯이 무대에 흔적을 남겨요.
	펜 내리기	도화지에 펜을 내려놓으면 그려지는 것처럼 펜내리기 블록을 사용하면 그리기가 가능해져요.
	펜 올리기	도화지에서 펜을 떼는 것처럼 펜 기능을 사용하지 않을 때 사용해요.
	펜 색깔을 ⬤ (으)로 정하기	펜의 색깔을 정해요.
	펜 색깔▾ 을(를) 10 만큼 바꾸기	펜 색깔을 10만큼 바꿔줘요. 색깔, 채도, 명도, 투명도를 바꿀수 있어요.
	펜 색깔▾ 을(를) 50 만큼 바꾸기	펜 색깔을 50으로 정해요. 색깔, 채도, 명도, 투명도를 정할수 있어요.
	펜 굵기를 1 만큼 바꾸기	펜 굵기를 현재 굵기에서 1만큼 더 굵게 바꿔요.
	펜 색깔을 1 (으)로 정하기	펜 굵기를 지정한 굵기로 바꿔요.

④ 코딩해보자

▶ 재료 준비하기

[파일]메뉴에서 Load from your computer를 클릭하여 8_헨젤과그레텔_예제.sb3 파일을 불러 와요.

8_헨젤과그레텔_예제.sb3

마법사   장식   먹기

배경

▶ Step1 **마법사가 과자집 만드는 것을 알려줘요.**

마법사

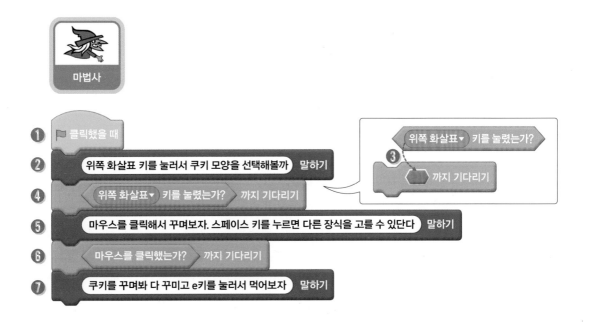

① 🏳 클릭했을 때

② 위쪽 화살표 키를 눌러서 쿠키 모양을 선택해볼까 말하기

③ 위쪽 화살표▼ 키를 눌렀는가?

③ ◇ 까지 기다리기

④ 위쪽 화살표▼ 키를 눌렀는가? 까지 기다리기

⑤ 마우스를 클릭해서 꾸며보자. 스페이스 키를 누르면 다른 장식을 고를 수 있단다 말하기

⑥ 마우스를 클릭했는가? 까지 기다리기

⑦ 쿠키를 꾸며봐 다 꾸미고 e키를 눌러서 먹어보자 말하기

❶ 마법사는 과자집을 만드는 방법을 알려줘요. 이벤트 팔레트의 🏳클릭했을 때 블록을 가져와요.

❷ 형태 팔레트의 안녕! 말하기 블록을 가져와서 '위쪽 화살표 키를 눌러서 쿠키 모양을 선택해볼

까' 를 말하도록 글자를 바꾸어요.

❸ 감지 팔레트의 스페이스 키를 눌렀는가 블록을 가져와서 '스페이스'를 눌러 위쪽 화살표로 바

꿔요. 제어 팔레트의 `~까지 기다리기` 블록 칸에 `위쪽 화살표 키를 눌렀는가` 블록을 넣어줘요.

❹ ❸에서 완성된 `위쪽 화살표 키를 눌렀는가 까지 기다리기` 블록을 연결해요. 위쪽 화살표 키를 누르기 전까지는 ❷의 메시지를 보여줘요.

❺ 형태 팔레트의 안녕! 말하기 블록을 가져와서 `'마우스를 클릭해서 꾸며보자. 스페이스 키를 누르면 다른 장식을 고를 수 있단다'` 를 말하도록 글자를 바꾸어요.

❻ 감지 팔레트의 `마우스를 클릭했는가` 블록을 제어 팔레트의 `~까지 기다리기` 블록칸에 넣어서 `마우스를 클릭했는가 까지 기다리기` 블록을 연결해요. 마우스를 클릭하기 전까지는 ❺의 메시지를 보여줘요.

❼ 형태 팔레트의 안녕! 말하기 블록을 가져와서 `'쿠키를 꾸며봐 다 꾸미고 나면 e키를 눌러서 먹어보자'` 를 말하도록 글자를 바꾸어요.

▶ Step2 **과자집을 골라요**

❶ 프로젝트가 시작되면 이전에 꾸민 과자집이 지워지도록 코딩해요. 이벤트 팔레트의 `🏳 클릭했을 때` 블록과 펜 팔레트의 `모두 지우기` 블록을 연결해요.

❷ 3가지의 과자집 모양이 배경으로 들어있는데 위쪽 화살표 키를 이용해서 과자집을 선택하도록 코딩해요. 이벤트 팔레트의 스페이스 키를 눌렀을 때 블록을 가져와 '스페이스'를 클릭하여 '위쪽 화살표'로 바꾸어요. `위쪽 화살표 키를 눌렀을 때` 블록과 형태 팔레트의 `다음 배경으로 바꾸기` 블록을 연결해요.

▶ Step3 **맛있는 장식으로 과자집을 꾸며요**
❶ 프로젝트가 시작되면 과자집을 꾸밀 장식이 보이도록 코딩해요. 이벤트 팔레트의 `🏳 클릭했을 때` 블록과 형태 팔레트의 `보이기` 블록을 연결해요.

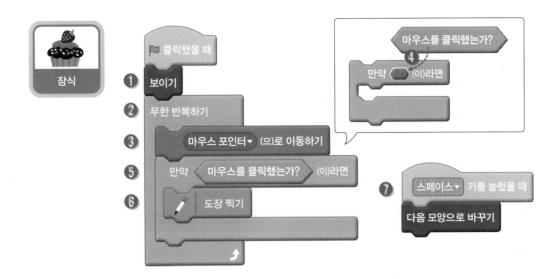

❷ 장식은 계속 마우스 위치에 있도록 제어 팔레트의 무한 반복하기 블록을 가져와요.

❸ 동작 팔레트의 무작위 위치로 이동하기 블록을 가져와 '무작위 위치'를 클릭하여 마우스 포인터로 이동하기 블록으로 바꿔서 무한 반복하기 블록 안에 끼워줘요.

❹ 감지 팔레트의 마우스를 클릭했는가 블록을 제어 팔레트의 만약 ~라면 블록의 조건 칸에 넣어줘요.

❺ ❹에서 완성된 만약 마우스를 클릭했는가 라면 블록을 무한 반복하기 블록 안에 넣어요.

❻ 마우스를 클릭하게 되면 무대에 쿠키장식이 찍히도록 펜 팔레트에서 도장찍기 블록을 만약 마우스를 클릭했는가 라면 블록 안에 넣어요.

❼ 스페이스 키를 누를 때마다 장식모양을 바꿔요. 이벤트 팔레트의 스페이스 키를 눌렀을 때 블록을 가져오고 형태 팔레트의 다음 모양으로 바꾸기 를 연결해요.

❽ 과자집을 다 꾸몄다면 장식을 숨기고 도장이 찍히지 않도록 코딩해요. 이벤트 팔레트의 스페이스 키를 눌렀을 때 블록을 하나 더 가져와요. '스페이스' 글자를 클릭하여 e키를 눌렀을 때 블

록으로 바꾸어 주고, 형태 팔레트의 숨기기 블록을 연결해요.

❾ 제어 팔레트의 멈추기 모두 블록을 가져와서 '모두' 글자를 클릭하여 멈추기 이 스프라이트에 있는 다른 스크립트 블록으로 바꿔서 연결해요.

▶ Step4 와그작! 먹어볼까요

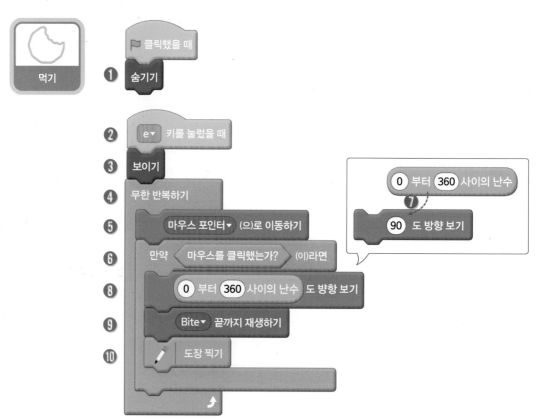

❶ 먹기 스프라이트는 프로젝트가 시작할 때는 보이지 않아요. 이벤트 팔레트의 🏳 클릭했을 때 블록과 형태 팔레트의 숨기기 블록을 연결해요.

❷ 과자집을 완성하고 e키를 누르게 되면 그때 보이도록 코딩해요. 이벤트 팔레트의 스페이스 키를 눌렀을 때 블록을 가져와 '스페이스'글자를 클릭하여 e키를 눌렀을 때 블록으로 바꿔요.

❸ 이제 먹기 스프라이트가 보이도록 형태 팔레트에서 보이기 블록을 가져와 연결해요.

❹ 먹기 스프라이트가 마우스 위치로 계속 이동할 수 있도록 제어 팔레트의 무한 반복하기 블록

을 가져와요.

❺ 동작 팔레트의 무작위 위치로 이동하기 블록을 가져와 '무작위 위치'를 클릭하여 `마우스 포인터로 이동하기` 로 바꾸어 `무한 반복하기` 블록 안에 넣어줘요.

❻ 감지 팔레트의 `마우스를 클릭했는가` 블록을 가져와서 제어 팔레트의 `만약 ~라면` 블록의 조건 칸에 끼워줘요.

❼ 먹기 스프라이트가 다양한 방향으로 먹은 것처럼 보이기 위해 연산 팔레트의 1부터 10사이의 난수 블록을 `0부터 360사이의 난수` 로 바꾸고 동작 팔레트에서 `90도 방향보기` 블록의 숫자칸에 난수 블록을 넣어줘요.

❽ `0부터 360사이의 난수` `도 방향보기` 블록을 `만약` `마우스를 클릭했는가` `라면` 블록 안에 넣어줘요.

❾ 마우스를 클릭할 때마다 '와그작' 소리가 나도록 코딩해요. 소리 팔레트에서 `Bite 끝까지 재생하기` 블록을 가져와서 조건 블록 안에 연결해요.

참고

발레고양의 **효과음 추가하기**를 참고해요. 소리탭에서 소리를 추가하여 다양한 효과음을 고를 수 있어요. (76쪽)

❿ 먹기 스프라이트로 도장을 찍게 되면 과자집을 먹은 것처럼 표현할 수 있어요. 펜 팔레트에서 `도장찍기` 블록을 가져와 조건 블록 안에 연결해요.

+ 융합 지식 정보(사회+문학+과학) **+**

앞서 헨젤과 그레텔이 찾은 과자로 만든 집과 일곱 난장이가 사는 숲 속의 집 등 세상에는 다양한 집이 있어요. 고대부터 현대까지 사는 곳의 기후와 환경에 따라 거주 공간은 제각각 다르게 발전해 왔는데요. 물 위에 있는 집, 얼음으로 만든 집 등 여러분도 각자 살고 싶은 집을 생각해서 상상 속의 집을 한 번 그려보세요.

마법사

🏳 클릭했을 때

위쪽 화살표 키를 눌러서 쿠키모양을 선택해볼까 말하기

위쪽 화살표▼ 키를 눌렀는가? 까지 기다리기

마우스를 클릭해서 꾸며보자. 스페이스 키를 누르면 다른 장식을 고를 수 있단다 말하기

마우스를 클릭했는가? 까지 기다리기

쿠키를 꾸며봐 다 꾸미고 e키를 눌러서 먹어보자 말하기

장식

🏳 클릭했을 때

보이기

무한 반복하기

마우스 포인터▼ (으)로 이동하기

만약 마우스를 클릭했는가? (이)라면

도장 찍기

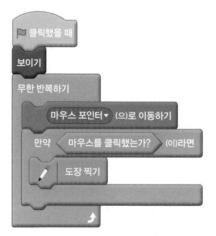

스페이스▼ 키를 눌렀을 때

다음 모양으로 바꾸기

e▼ 키를 눌렀을 때

숨기기

멈추기 이 스프라이트에 있는 다른 스크립트▼

먹기

무대

장식 크기를 마음대로.

왼쪽 화살표 키를 누르면 점점 작게, 오른쪽 화살표 키를 누르면 점점 크게 장식 크기를 바꿔보아요.

▶ Step1 **장식을 크게, 작게**

❶ 이벤트 팔레트의 스페이스 키를 눌렀을 때 블록을 가져와 '스페이스'를 클릭하여 왼쪽 화살표 키를 눌렀을 때 블록으로 바꾸어 줘요.

❷ 스프라이트의 크기가 작아지도록 형태 팔레트의 크기를 −10만큼 바꾸기 블록을 연결해요.

❸ 이벤트 팔레트의 스페이스 키를 눌렀을 때 블록을 가져와 '스페이스'를 클릭하여 오른쪽 화살 표 키를 눌렀을 때 블록으로 바꾸어 줘요.

❹ 스프라이트의 크기가 커지도록 형태 팔레트의 크기를 10만큼 바꾸기 블록을 연결해요.

백설공주, 잠자는 공주를 깨우자

09

백설공주는 그림 형제의 작품으로 백설공주와 일곱 난쟁이로 제목이 바뀌었어요. 눈처럼 하얀 피부, 앵두처럼 붉은 입술, 흑단처럼 검은 머리를 가진 백설공주는 계모가 준 독이 든 사과를 먹고 쓰러져요. 하지만 왕자님의 키스로 다시 깨어나 행복하게 사는 이야기랍니다. 우리는 코딩을 통해 공주를 구해줄 방법을 찾아볼까요?

❶ 이번 미션은 뭘까?

독이 든 사과를 먹고 깊은 잠에 빠진 공주, 해독제를 만들어서 천년 동안 잠자는 공주를 깨워요.

시작화면

실행화면

미리보기

❷ 어떻게 해결할 수 있을까?

열쇠는 반투명한 상태로 무대에 숨겨져 있다.

열쇠를 찾으면 상자가 열리면서 해독제 정보가 나타난다.

방안을 빙글빙글 돌아다닌다. 클릭하여 잡으면 마법냄비로 이동한다.

방안을 이리저리 돌아다닌다. 클릭하여 잡으면 마법냄비로 이동한다.

천장에서 위아래로 움직인다. 클릭하여 잡으면 마법냄비로 이동한다.

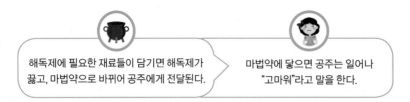

해독제에 필요한 재료들이 담기면 해독제가
끓고, 마법약으로 바뀌어 공주에게 전달된다.

마법약에 닿으면 공주는 일어나
"고마워"라고 말을 한다.

❸ 우리에게 필요한 마법 블록

▶ 리스트

리스트는 여러 개의 정보를 하나의 이름으로 저장하는 공간이에요. 리스트를 만들어 볼까요? 변수 팔레트에서 리스트 만들기 버튼을 클릭해요. 새로운 리스트 창에서 리스트 이름을 입력하고 확인을 눌러요.

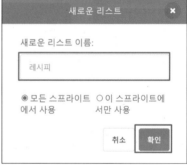

리스트를 만들고 나면 리스트에 관련된 블록들이 보여지고, 무대에 내가 만든 리스트가 보여요.

▶ 리스트에 정보를 넣는 방법

[방법1]

❶ 무대에 보여지는 리스트에서 정보를 입력할 수 있어요. + 버튼을 누르면 주황색 입력칸이 나타나요. 그 칸에 정보를 입력하고 엔터 키를 누르면 리스트에 정보를 넣을 수 있어요.

❷

[방법2]

❷ 스크립트 창에서 코딩으로 항목을 추가할 수 있어요. 변수 팔레트에서 항목을 레시피에 추가하기 블록을 사용해요. '항목'칸에 저장하려는 정보를 입력하면 리스트에 추가되어요.

팔레트	블록	기능설명
리스트	레시피▼ 리스트의 ①번째 항목	리스트의 첫 번째 항목을 알려줘요.
	레시피▼ 의 길이	리스트에 들어있는 항목의 개수를 알려줘요.
	레시피▼ 리스트 보이기	리스트를 무대에 보여줘요.
	레시피▼ 리스트 숨기기	리스트를 무대에서 숨겨요.

❹ 코딩해보자

▶ 재료 준비하기

[파일]메뉴에서 Load from your computer를 클릭하여 9_백설공주_예제.sb3 파일을 불러와요.

스프라이트

| 공주 | 상자 | 마법냄비 | 개구리눈물 |

| 꿀물 | 열쇠 | 거미줄 |

배경

▶ Step1 **열쇠를 숨겨요.**

열쇠

① 클릭했을 때

② 모양을 열쇠▼ (으)로 바꾸기

③ 맨 앞쪽▼ 으로 순서 바꾸기

④ 투명도▼ 효과를 70 (으)로 정하기

⑤ 무작위 위치▼ (으)로 이동하기

⑥ 보이기

❶ 이벤트 팔레트의 ▶클릭했을 때 블록을 가져와요.

❷ 열쇠 스프라이트는 두가지 모양을 가지고 있어요. 반투명한 열쇠의 모양으로 보이도록 형태 팔레트의 모양을 열쇠로 바꾸기 블록을 연결해요.

❸ 열쇠가 다른 스프라이트에 가려지지 않도록 형태 팔레트의 맨 앞쪽으로 순서 바꾸기 를 연결해요.

❹ 열쇠를 찾기 어렵도록 형태 팔레트의 색깔 효과를 25로 정하기 블록을 가져와 투명도효과를 70으로 정하기 로 바꿔서 연결해요.

투명도를 높일수록 찾기가 어려워요.

❺ 열쇠가 무대의 임의의 위치에 있도록 동작 팔레트의 무작위위치로 이동하기 블록을 연결해요.

❻ 열쇠를 클릭하면 사라지기 때문에 프로젝트를 시작하는 부분에서는 열쇠가 보이도록 코딩해요. 형태 팔레트의 보이기 블록을 연결해요.

❼ 열쇠를 찾았을 때를 코딩해요. 이벤트 팔레트의 이 스프라이트를 클릭했을때 블록을 가져와요.

❽ 선명한 열쇠의 모양으로 보이도록 형태 팔레트의 모양을 열쇠2로 바꾸기 블록을 연결해요.

❾ 투명도 효과를 지우기 위해 형태 팔레트의 색깔효과를 0으로 정하기 블록을 가져와 투명도 효과를 0으로 정하기 블록으로 바꾸고 연결해요.

투명도 효과를 0으로 정하기 블록 대신에 **그래픽효과 지우기** 블록을 사용할 수 있어요.

❿ 선명한 열쇠의 모습이 보이도록 제어 팔레트의 0.5초 기다리기 블록을 연결해요.

⓫ 열쇠를 찾았으므로 상자가 열리도록 신호를 보내요. 이벤트 팔레트의 메시지1신호 보내기 블록을 가져와서 새로운 메시지를 선택하여 '상자열기'로 입력하여 상자열기 신호 보내기 블록으로 바꿔서 연결해요.

⓬ 이제 열쇠가 보이지 않도록 형태 팔레트의 숨기기 블록을 연결해요.

▶ Step2 **해독제를 준비해요**

공주를 깨울 해독제는 3개의 재료 중에 하나! 프로젝트가 시작될 때마다 해독제가 바뀌어요.

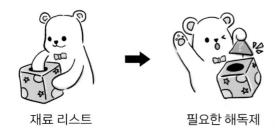

재료 리스트 → 필요한 해독제

▶ **재료리스트를 만들어요!**

재료리스트를 만들어 무대에 보이는 리스트창에 재료를 직접 입력해요.

변수 팔레트에서 리스트 만들기를 클릭해요. 리스트 이름을 '재료'로 입력하고 확인 버튼을 눌러

요. 무대에서 리스트 창을 확인할 수 있어요.

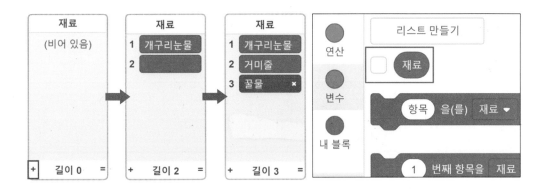

리스트 창에서 +버튼을 누르면 주황색칸이 나타나요. 주황색 칸을 클릭하여 재료명을 입력해요.
+버튼을 또 누르면 다음 주황색칸이 나타나서 항목을 입력할 수 있어요.
3가지 재료(개구리눈물, 거미줄, 꿀물)을 입력하여 재료 리스트를 완성해요.
리스트에 재료들을 모두 입력했다면 변수 팔레트의 재료 항목의 체크를 해체하여 무대에서는 보
이지 않도록 설정해요.

▶ **해독제 변수를 만들어요.**
재료리스트에서 하나를 뽑아 담아둘 공간을 위해 "해독제"라는 변수를 만들어요.

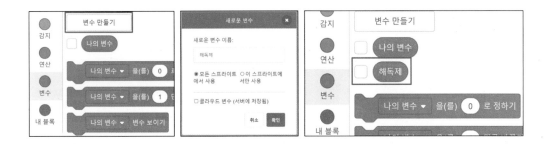

변수 팔레트의 변수 만들기를 클릭해서 새로운 변수의 이름칸에 '해독제'라고 입력해요. 해독제
변수가 무대에 보이지 않도록 체크를 해제해요.

▶ Step3 공주를 깨울 해독제를 알려줘요

❶ 상자 스프라이트가 필요한 해독제를 알려줘요. 이벤트 팔레트의 클릭했을 때 블록을 가져와요.

❷ 상자가 닫혀져 있도록 형태 팔레트의 모양을 닫힌상자로 바꾸기 블록을 연결해요.

❸ 재료리스트는 보이지 않도록 숨겨요. 변수 팔레트의 재료 리스트 숨기기 블록을 연결해요.

❹ 해독제 변수도 보이지 않도록 숨겨요. 변수 팔레트의 해독제 변수 숨기기 블록을 연결해요.

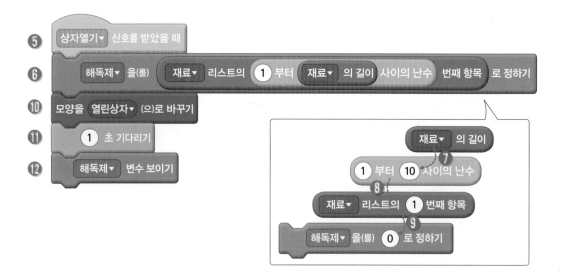

❺ 이벤트 팔레트의 메시지1 신호를 받았을 때 블록을 가져와요. 메시지1을 클릭하여 상자열기 신호를 받았을 때 블록으로 바꿔줘요.

❻ 재료리스트에서 랜덤으로 하나를 뽑아 해독제 변수에 담아요. 변수 팔레트의 해독제를 0으로 정하기 블록을 가져와요.

❼ 연산 팔레트의 [1부터 10사이의 난수] 블록을 가져와 두 번째 칸에는 변수 팔레트의 [재료의 길이] 블록을 넣어줘요.

❽ 변수 팔레트의 [재료리스트의 1번째 항목] 블록을 가져와서 ❼에서 완성한 [1부터 재료길이 의 난수] 블록을 숫자1 대신에 넣어줘요

❾ [해독제를 0으로 정하기] 블록의 숫자칸에 ❽에서 완성한 [재료 리스트의 1부터 재료길이 사이 의 난수 번째 항목] 블록을 넣어줘요.

❿ 상자가 열리면서 필요한 해독제가 무엇인지 알려줘요. 형태 팔레트의 [모양을 열린상자로 바꾸기] 블록을 연결해요.

⓫ 열린상자의 모습으로 1초간 보이도록 제어 팔레트의 [1초 기다리기] 블록을 연결해요

⓬ 변수 팔레트의 [해독제 변수 보이기] 블록을 연결해요. 마치 상자에서 해독제 정보가 나타난 것처럼 보이게 되요.

▶ Step4 **꿀벌을 잡아라**

❶ 이벤트 팔레트의 [🏳클릭했을 때] 블록을 가져와요

❷ 프로젝트가 시작될 때 꿀벌이 보이도록 형태 팔레트의 [보이기] 블록을 가져와요.

❸ 꿀벌의 모양으로 움직이도록 형태 팔레트의 [모양을 벌로 바꾸기] 블록을 연결해요.

❹ 꿀벌의 움직임이 반복되도록 제어 팔레트의 `무한 반복하기` 블록을 가져와요.

❺ 꿀벌이 빙글빙글 회전하면서 움직이도록 동작 팔레트의 `오른쪽 방향으로 5도 돌기` 블록을 `무한 반복하기` 블록 안에 넣어줘요.

❻ 회전하면서 움직임을 주면 방안을 이리저리 날아다닐 수 있어요. 동작 팔레트의 `10만큼 움직이기` 블록을 연결해줘요.

❼ 꿀벌이 벽에 닿게 되면 반대방향으로 움직일 수 있도록 동작 팔레트의 `벽에 닿으면 튕기기` 블록을 연결해줘요.

❽ 꿀벌을 클릭하면 꿀물로 바뀌도록 코딩해요. 이벤트 팔레트의 `이 스프라이트를 클릭했을 때` 블록을 가져와요.

❾ 꿀벌의 모양을 꿀물로 바꿔줍니다. 형태 팔레트의 `모양을 꿀물로 바꾸기` 블록을 연결해요.

❿ 꿀물을 마법냄비에 담아요. 마법냄비에 담긴 재료가 무엇인지 알 수 있는 변수를 만들어요. 변수 팔레트에서 변수 만들기를 눌러 '마법냄비'를 입력해 마법냄비 변수를 만들고 체크를 해제하여 무대에서는 보이지 않도록 설정해요. 변수 팔레트의 `마법냄비를 0으로 정하기` 블록을 가져와 숫자칸에 형태 팔레트의 모양 번호 블록을 가져와 `모양 이름` 으로 바꿔서 넣어줘요.

⓫ 꿀물이 마법냄비에 담겼으므로 꿀벌이 돌아다니는 코드 블록이 실행되지 않도록 제어 팔레트의 멈추기 이 스프라이트에 있는 다른 스크립트 블록을 연결해요.

⓬ 꿀물이 마법냄비로 향하도록 동작 팔레트의 1초 동안 '랜덤위치'로 이동하기 블록을 가져와 '랜덤위치'를 클릭해 1초 동안 마법냄비로 이동하기 블록으로 바꾸고 연결해요.

⓭ 꿀물이 마법냄비에 담겼으므로 형태 팔레트의 숨기기 블록을 연결해요.

▶ Step5 **개구리를 잡아라**

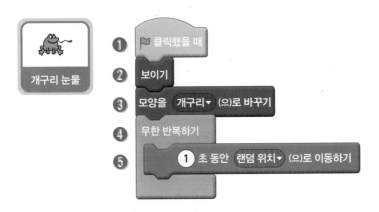

❶ 이벤트 팔레트의 ⚐ 클릭했을 때 블록을 가져와요.

❷ 프로젝트가 시작될 때 개구리가 보이도록 형태 팔레트의 보이기 블록을 가져와요.

❸ 개구리의 모양으로 움직이도록 형태 팔레트의 모양을 개구리로 바꾸기 블록을 연결해요.

❹ 개구리는 방안을 계속 돌아다니도록 제어 팔레트의 무한 반복하기 블록을 가져와요.

❺ 동작 팔레트의 1초 동안 랜덤위치로 이동하기 블록을 무한 반복하기 블록 안에 넣어줘요.

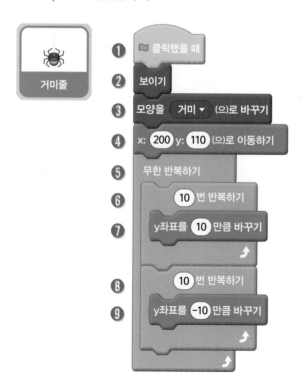

⑥ 이 스프라이트를 클릭했을 때

⑦ 모양을 개구리눈물▼ (으)로 바꾸기

⑧ 마법냄비▼ 을(를) 모양 이름▼ 로 정하기

⑨ 멈추기 이 스프라이트에 있는 다른 스크립트▼

⑩ 1 초 동안 마법냄비▼ (으)로 이동하기

⑪ 숨기기

❻ 개구리를 클릭하면 개구리눈물로 바뀌도록 코딩해요. 이벤트 팔레트의 이 스프라이트를 클릭했을 때 블록을 가져와요.

❼ 개구리의 모양을 개구리눈물로 바꿔줍니다. 형태 팔레트의 모양을 개구리눈물로 바꾸기 블록을 연결해요.

❽~❶ Step4 꿀벌의 ❿~⓭내용과 동일해요.

▶ Step6 **거미를 잡아라**

거미줄

① ▶ 클릭했을 때

② 보이기

③ 모양을 거미▼ (으)로 바꾸기

④ x: 200 y: 110 (으)로 이동하기

⑤ 무한 반복하기

⑥ 10 번 반복하기

⑦ y좌표를 10 만큼 바꾸기

⑧ 10 번 반복하기

⑨ y좌표를 −10 만큼 바꾸기

❶ 이벤트 팔레트의 ▶클릭했을 때 블록을 가져와요.

❷ 무대에 보이도록 형태 팔레트의 보이기 블록을 연결해요.

❸ 형태 팔레트의 모양을 거미로 바꾸기 블록을 연결해요.

❹ 거미가 천장에 위치하도록 동작 팔레트의 x: ○ y: ○으로 이동하기 블록을 x:200 y:110으로 이동하기 블록으로 수정해요.

❺ 거미는 천장에서 내려왔다 올라가기를 반복하도록 제어 팔레트의 무한 반복하기 블록을 가져와요.

❻ 거미가 위로 올라가도록 제어 팔레트의 10번 반복하기 블록을 가져와 무한 반복하기 블록 안에 넣어줘요.

❼ 10번 반복하기 블록 안에 동작 팔레트의 y좌표를 10만큼 바꾸기 블록을 넣어줘요.

❽ 이번에는 다시 내려오도록 제어 팔레트의 10번 반복하기 블록을 ❼의 10번 반복하기 블록 다음에 넣어줘요.

❾ 10번 반복하기 블록 안에 동작 팔레트의 y좌표를 −10만큼 바꾸기 블록을 넣어줘요.

❿ 거미를 클릭하면 거미줄로 바뀌도록 코딩해요. 이벤트 팔레트의 이 스프라이트를 클릭했을 때 블록을 가져와요.

⓫ 거미의 모양을 거미줄로 바꿔줍니다. 형태 팔레트의 모양을 거미줄로 바꾸기 블록을 연결해요.

⓬~⓯ Step4 꿀벌의 ❿~⓭내용과 동일해요.

▶ Step7 **보글보글 마법냄비**

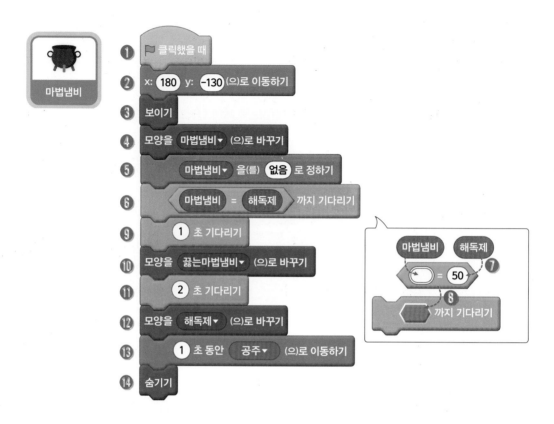

❶ 이벤트 팔레트의 🏳클릭했을 때 블록을 가져와요.

❷ 마법냄비가 바닥에 있도록 위치를 지정해요. 동작 팔레트의 x: ○ y: ○으로 이동하기 블록을 가져와서 x:180 y:-130으로 이동하기 블록으로 수정해요.

❸ 형태 팔레트에서 보이기 블록을 연결해요.

❹ 마법냄비의 모양으로 보이도록 형태 팔레트에서 모양을 마법냄비로 바꾸기 블록을 연결해요.

❺ 마법냄비에 아무것도 들어있지 않도록 변수 팔레트의 마법냄비를 없음으로 정하기 블록을 연결해요.

❻ 마법상자가 알려준 해독제와 마법냄비에 담긴 해독제가 같아질 때까지 기다려요. 제어 팔레트의 ~까지 기다리기 블록을 연결해요.

❼ 변수 팔레트에서 마법냄비 블록과 해독제 블록을 가져와서 연산 팔레트의 ○=○ 블록의 첫 번째 칸과 두 번째 칸에 넣어요.

➑ **➐**에서 완성된 마법냄비 = 해독제 블록을 **➏**의 ~까지 기다리기 블록의 조건 칸에 넣어줘요. 마법냄비에 담긴 재료가 해독제라면 다음 블록을 실행하게 되요.

➒ 이제 마법냄비가 끓는 모양이 바뀌기 전에 잠깐 기다려줘요. 제어 팔레트의 1초 기다리기 블록을 연결해요.

➓ 마법냄비가 끓어가는 모양으로 바꿔요. 형태 팔레트의 모양을 끓는마법냄비로 바꾸기 블록을 연결해요.

⓫ 끓는 모습을 2초 동안 보여줘요. 제어 팔레트의 2초 기다리기 블록을 연결해요.

⓬ 이제 끓은 마법냄비는 해독제 병으로 바뀌도록 형태 팔레트의 모양을 해독제로 바꾸기 블록을 연결해요.

⓭ 만들어진 해독제를 공주에게 옮겨줘요. 동작 팔레트의 1초 동안 랜덤위치로 이동하기 블록을 가져와 랜덤위치를 클릭하여 1초 동안 공주로 이동하기 블록으로 연결해줘요.

⓮ 공주를 깨웠으니 해독제는 보이지 않게 형태 팔레트의 숨기기 블록을 연결해요.

▶ Step8 **잠자는 공주**

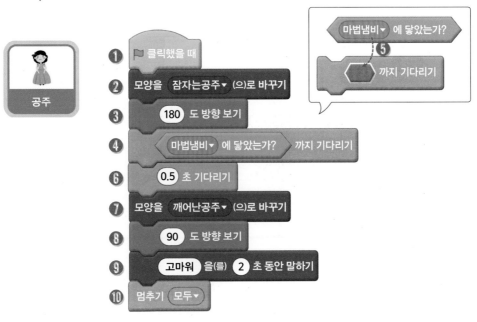

➊ 이벤트 팔레트의 ⚑ 클릭했을 때 블록을 가져와요.

❷ 프로젝트가 시작하면 잠자는 공주로 설정해요. 형태 팔레트의 `모양을 잠자는공주로 바꾸기` 블록을 연결해요.

❸ 공주가 누워있도록 동작 팔레트의 90도 방향보기 블록을 가져와 `180도 방향보기` 블록으로 바꿔서 연결해요.

❹ 해독제가 오기까지 기다려야해요. 제어 팔레트의 `~까지 기다리기` 블록을 가져와요.

❺ 감지 팔레트의 마우스 포인터에 닿았는가 블록을 가져와 '마우스 포인터'를 클릭하여 `마법냄비에 닿았는가` 블록으로 바꾸어 `~까지 기다리기` 블록의 조건 칸에 넣어줘요.

❻ 해독제가 공주에게 닿고 나서 조금 기다려요. 제어 팔레트의 `0.5초 기다리기` 블록을 연결해요.

❼ 해독제에 닿았으니 이제 공주가 깨어나겠죠? 형태 팔레트의 `모양을 깨어난 공주로 바꾸기` 블록을 연결해요.

❽ 공주가 일어난 상태로 바꾸기 위해 동작 팔레트의 `90도 방향보기` 블록을 연결해줘요.

❾ 형태 팔레트의 안녕을 2초 동안 말하기 블록을 가져와 `고마워를 2초 동안 말하기` 블록으로 바꾸어 연결해요.

❿ 공주가 일어났으므로 다른 스프라이트 모두 멈추기를 해줍니다. 제어 팔레트의 `멈추기 모두`를 연결해요.

✦ 융합 지식 정보(문학+과학) ✦

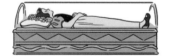

백설공주는 왕자의 키스를 받기 전까지 잠을 자게 됩니다. 그런데 과학자들은 우리가 잠을 자는 동안에도 뇌가 계속해서 쉬지 않고 뭔가를 하고 있다는 사실을 밝혀냈습니다. 바로 뇌에서 나오는 약한 전파인 뇌파를 관찰한 건데요. 비록 몸은 쉬고 있지만, 잠든 사이에도 뇌는 깨어 있을 때와는 다른 방식으로 열심히 활동을 해요. 가령 심장 박동을 늦추고 근육을 이완하며 호흡수를 줄여서 최대한 잘 쉴 수 있도록 하는 거죠. 그래서 잠은 꼭 필요한 생리현상으로 충분히 자는 것이 중요하답니다.

열쇠

```
🏁 클릭했을 때
모양을 열쇠▼ (으)로 바꾸기
맨 앞쪽▼ 으로 순서 바꾸기
투명도▼ 효과를 70 (으)로 정하기
무작위 위치▼ (으)로 이동하기
보이기
```

```
이 스프라이트를 클릭했을 때
모양을 열쇠2▼ (으)로 바꾸기
투명도▼ 효과를 0 (으)로 정하기
0.5 초 기다리기
상자열기▼ 신호 보내기
숨기기
```

상자

```
🏁 클릭했을 때
모양을 닫힌상자▼ (으)로 바꾸기
재료▼ 리스트 숨기기
해독제▼ 변수 숨기기
```

```
상자열기▼ 신호를 받았을 때
해독제▼ 을(를) 재료▼ 리스트의 1 부터 재료▼ 의 길이 사이의 난수 번째 항목 로 정하기
모양을 열린상자▼ (으)로 바꾸기
1 초 기다리기
해독제▼ 변수 보이기
```

꿀물

```
클릭했을 때
보이기
모양을 벌▼ (으)로 바꾸기
무한 반복하기
    방향으로 5 도 돌기
    10 만큼 움직이기
    벽에 닿으면 튕기기
```

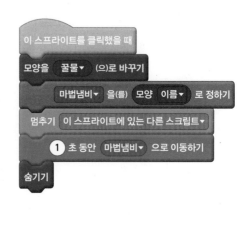

```
이 스프라이트를 클릭했을 때
모양을 꿀물▼ (으)로 바꾸기
    마법냄비▼ 을(를) 모양 이름▼ 로 정하기
멈추기 이 스프라이트에 있는 다른 스크립트▼
    1 초 동안 마법냄비▼ 으로 이동하기
숨기기
```

개구리 눈물

```
클릭했을 때
보이기
모양을 개구리▼ (으)로 바꾸기
무한 반복하기
    1 초 동안 랜덤 위치▼ (으)로 이동하기
```

```
이 스프라이트를 클릭했을 때
모양을 개구리눈물▼ (으)로 바꾸기
    마법냄비▼ 을(를) 모양 이름▼ 로 정하기
멈추기 이 스프라이트에 있는 다른 스크립트▼
    1 초 동안 마법냄비▼ (으)로 이동하기
숨기기
```

거미줄

▶ 클릭했을 때

보이기

모양을 거미 ▼ (으)로 바꾸기

x: 200 y: 110 (으)로 이동하기

무한 반복하기

　10 번 반복하기

　y좌표를 10 만큼 바꾸기

　10 번 반복하기

　y좌표를 −10 만큼 바꾸기

이 스프라이트를 클릭했을 때

모양을 거미줄 ▼ (으)로 바꾸기

마법냄비 ▼ 을(를) 모양 이름 ▼ 로 정하기

멈추기 이 스프라이트에 있는 다른 스크립트 ▼

1 초 동안 마법냄비 ▼ (으)로 이동하기

숨기기

마법냄비

```
🏳 클릭했을 때
x: 180 y: -130 (으)로 이동하기
보이기
모양을 마법냄비▼ (으)로 바꾸기
   마법냄비▼ 을(를) 없음 로 정하기
      마법냄비 = 해독제   까지 기다리기
         1 초 기다리기
모양을 끓는마법냄비▼ (으)로 바꾸기
         2 초 기다리기
모양을 해독제▼ (으)로 바꾸기
         1 초 동안 공주▼ (으)로 이동하기
숨기기
```

공주

```
🏳 클릭했을 때
모양을 잠자는공주▼ (으)로 바꾸기
   180 도 방향 보기
      마법냄비▼ 에 닿았는가?   까지 기다리기
   0.5 초 기다리기
모양을 깨어난공주▼ (으)로 바꾸기
   90 도 방향 보기
   고마워 을(를) 2 초 동안 말하기
멈추기 모두▼
```

상자를 열수 있는 다른 방법을 만들어보아요. 상자를 클릭하게 되면 퀴즈를 내고 정답을 맞추면 상자가 열리도록 코딩해요. 컴퓨터가 숫자 두개를 뽑아서 곱셈 문제를 내보기로 해요. 1에서 10까지 중에 숫자 하나를 숫자1과 숫자2 변수에 하나씩 담아 문제를 만들어보아요.

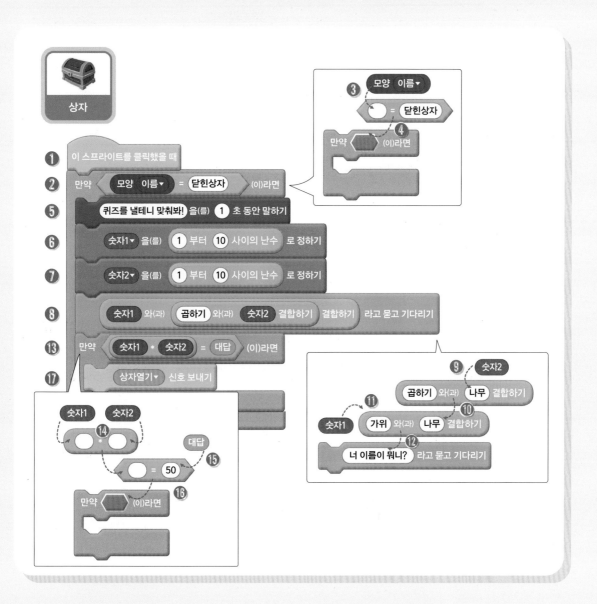

❶ 이벤트 팔레트의 `이 스프라이트를 클릭했을 때` 블록을 가져와요.

❷ 상자가 닫힌 상태에서 퀴즈를 내기 위해 상자의 모양이름을 먼저 체크해요. 제어 팔레트의 `만약~라면` 블록을 가져와요.

❸ 형태 팔레트의 모양번호 블록을 가져와 `모양이름`으로 바꾸고 연산 팔레트의 `○=○` 블록의 첫 번째 칸에 넣어줘요. 두 번째 칸에 '닫힌상자' 글자를 입력해요.

❹ 완성된 `모양이름 =닫힌상자` 블록을 `만약~라면` 조건 칸에 넣어줘요.

❺ 형태 팔레트에서 안녕을 1초 동안 말하기 블록을 `만약~라면` 블록 안에 넣어줘요. '안녕' 대신에 `퀴즈를 낼 테니 맞춰봐!` 를 입력해요.

❻ 변수 팔레트에서 변수 만들기를 클릭하여 숫자1 변수를 만들고 체크를 해제해요. 변수 팔레트에서 `숫자1을 0으로 정하기` 블록을 가져와서 연산 팔레트의 `1부터 10사이의 난수` 블록을 0의 자리에 넣어줘요.

❼ 변수 팔레트에서 변수 만들기를 클릭하여 숫자2 변수를 만들고 체크를 해제해요. 변수 팔레트에서 `숫자2를 0으로 정하기` 블록을 가져와 연산 팔레트의 `1부터 10사이의 난수` 블록을 0의 자리에 넣어줘요.

❽ 숫자1과 숫자2를 가지고 문제를 만들어보아요. 감지 팔레트의 `너 이름은 뭐니? 라고 묻고 기다리기` 블록을 연결해요.

❾ 연산 팔레트의 `가위와 나무 결합하기` 블록을 가져와 첫 번째 칸에 '곱하기'라고 입력해요. 두 번째 칸에는 변수 팔레트의 `숫자2` 블록을 넣어줘요.

❿ 또 다시 연산 팔레트의 `가위와 나무 결합하기` 블록을 가져와서 ⓫ 첫 번째 칸에는 숫자1을 입력하고, 두 번째 칸에는 ❾에서 만들어진 `곱하기와 숫자2 결합하기` 블록을 넣어줘요.

⓬ 완성된 `숫자1 과 곱하기와 숫자2 결합하기` 블록을 `묻고 기다리기` 블록의 질문 칸에 넣어줘요.

⓭ 제어 팔레트의 `만약~라면` 블록을 연결해요.

⓮ 변수 팔레트의 `숫자1` 블록과 `숫자2` 블록을 가져와 연산 팔레트의 `○*○` 블록의 칸에 각각 넣어줘요.

⓯ 연산 팔레트의 `○=○` 블록을 가져와서 첫 번째 칸에는 `숫자1 * 숫자2` 블록을 넣어주고, 두

번째 칸에는 감지 팔레트의 `대답` 을 넣어줘요. 문제의 정답과 대답이 같은가 조건 블록이 완성되었어요.

❶❻ `숫자1` `*` `숫자2` `=` `대답` 블록을 ❶❸에서 작성한 `만약~라면` 블록에 넣어줘요.

❶❼ 대답이 일치한다면 상자를 열어줘야 겠죠? `만약` `숫자1` `*` `숫자` `=` `대답` `이라면` 블록 안에 이벤트 팔레트의 `상자열기 신호 보내기` 블록을 넣어줍니다.

곱셈 문제 외에도 여러분의 퀴즈를 만들어 상자를 열수 있게 만들어보세요.

10 오즈의 마법사, 신비한 마법의 나라로

《오즈의 위대한 마법사》속 도시는 강아지 토토와 함께 회오리 바람에 휩쓸려 오즈에 떨어지게 되는데요. 뇌를 갖고 싶은 허수아비, 심장을 갖고 싶은 양철나무꾼, 용기를 얻고 싶은 사자와 함께 오즈의 마법사를 찾아 모험을 떠나요. 우리도 코딩을 하면서 모험과 진정한 가치를 찾아볼까요?

① 이번 미션은 뭘까?

시골마을에 사는 소녀 도로시가 회오리 바람을 타고서 허수아비, 양철 나무꾼, 사자와 함께 신비한 마법의 나라 오즈로 떠나요~

시작화면 → 실행화면

② 어떻게 해결할 수 있을까?

컴퓨터에 연결된 마이크에 후~ 하고 불면 회오리 바람이 빙글빙글 돌아다녀요.

도로시와 허수아비, 나무꾼, 사자, 토토, 집이 회오리 바람에 휩쓸리게 되면 같이 빙글빙글 돌아요.

회오리 바람이 불때마다 신비한 배경으로 바뀌게 해보아요.

컴퓨터에 연결된 마이크에 후~ 하고 불면 회오리 바람이 빙글빙글 돌아다닌다.

바람에 닿으면 같이 빙글빙글 돈다.

회오리 바람이 불때마다 배경색이 달라진다.

③ 우리에게 필요한 마법 블록

▶ 그래픽 효과 주기

팔레트	블록	기능설명
● 형태	색깔▼ 효과를 25 만큼 바꾸기	현재의 색상에서 25만큼 색상을 변경해요. 색깔, 어안렌즈, 소용돌이, 픽셀화, 밝기, 투명도 효과를 변경할 수 있어요.
	색깔▼ 효과를 0 (으)로 정하기	색상을 지정한 숫자의 색상으로 정해요. 색깔, 어안렌즈, 소용돌이, 픽셀화, 밝기, 투명도 효과를 지정한 값으로 정할 수 있어요.
	그래픽 효과 지우기	스프라이트에 적용된 효과가 사라지고 본래의 모습으로 돌아가요.

원본	색깔	어안렌즈	소용돌이
픽셀화	밝기	투명도	모자이크

④ 코딩해보자

▶ 재료 준비하기

[파일]메뉴에서 Load from your computer를 클릭하여 10_오즈의마법사_예제.sb3 파일을 불러와요.

10_오즈의마법사_예제.sb3

스프라이트

사자　허수아비　토토　집

회오리바람　도로시　강철나무꾼

배경

▶ Step1 후~ 불어서 회오리 바람을 일으켜요

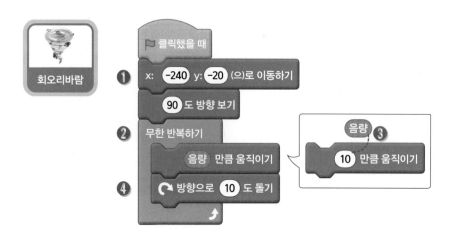

❶ 프로젝트를 시작할 때 회오리 바람은 무대 끝에 있도록 위치와 방향을 지정해줘요. 이벤트 팔레트의 🏴클릭했을 때 블록과 동작 팔레트의 x:○ y:○으로 이동하기 블록을 연결하고 x:-240

y:-20으로 이동하기 블록으로 바꿔요. 동작 팔레트의 90도 방향보기 블록을 연결해요.

❷ 회오리 바람이 소리에 따라 계속 움직일 수 있도록 제어 팔레트의 무한 반복하기 블록을 연결해요.

❸ 외부 소리에 따라 움직일 수 있도록 동작 팔레트의 10만큼 움직이기 블록을 가져와 10 대신에 감지 팔레트의 음량 블록을 연결해요. 완성된 음량 만큼 움직이기 블록을 무한 반복하기 블록 안에 넣어줍니다.

❹ 회오리 바람이니 10도씩 계속 회전할 수 있도록 동작 팔레트의 오른쪽 방향으로 10도 돌기 블록을 무한 반복하기 블록 안에 넣어줍니다.

▶ Step2 **도로시가 회오리 바람을 만나면, 빙글빙글 돌아요.**

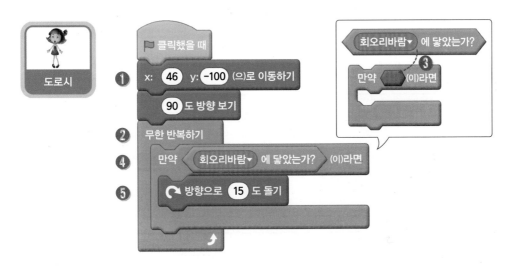

❶ 프로젝트를 시작할 때 도로시의 위치와 방향을 지정해 줘요. 이벤트 팔레트의 🏳 클릭했을 때 블록 아래에 동작 팔레트의 x:○ y:○으로 이동하기 블록을 연결하고 x:46 y:-100으로 이동하기 블록으로 바꿔요. 동작 팔레트의 90도 방향보기 블록을 연결해요.

❷ 도로시가 회오리 바람에 닿았는지를 계속 체크할 수 있게 제어 팔레트의 무한 반복하기 블록을 연결해요.

❸ 제어 팔레트의 만약~라면 블록을 가져와 조건 칸에 감지 팔레트의 회오리 바람에 닿았는가 블록을 끼워줍니다.

❹ ❸에서 완성된 만약 회오리 바람에 닿았는가 라면 블록을 무한 반복하기 블록 안에 넣어줍니다.

❺ 회오리 바람에 닿으면 회전하도록 ❹ 블록 안에 동작 팔레트의 오른쪽방향으로 15도 돌기 블록을 넣어줍니다.

▶ Step3 **강철나무꾼이 회오리 바람을 만나면, 빙글빙글 돌아요.**

강철나무꾼은 도로시처럼 회오리 바람을 만나면 빙글빙글 돌아가요. 각 스프라이트가 도로시와 x:○ y:○으로 이동하기 부분만 다르고 나머지는 동일한 코드이므로 복사를 합니다.

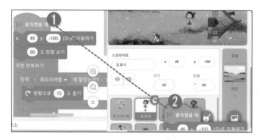

❶ 도로시의 코드 블록에서 가장 위의 블록(🏴클릭했을때)을 클릭한 채 복사하고자 하는 강철나무꾼 스프라이트로 드래그 해요.

❷ 블록을 드래그 하여 강철나무꾼 스프라이트 위에 놓으면 코드블록이 복사되요.

❸ 강철나무꾼 스프라이트를 클릭하면 도로시에서 복사된 코드가 보여요.

❹ x:46 y:-100으로 이동하기 블록에서 x:-28 y:30으로 이동하기 블록으로 수정해요.

▶ Step4 **사자가 회오리 바람을 만나면, 빙글빙글 돌아요.**

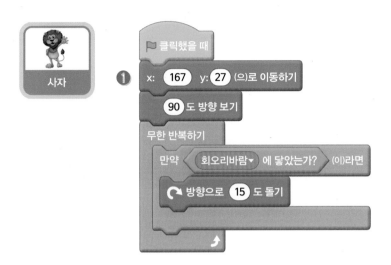

❶ Step3의 ❶~❹의 동일한 단계로 사자 스프라이트에 코드를 복사하고 사자의 위치를 x:167 y:27으로 이동하기 로 수정해요.

스프라이트의 위치는 어떻게 알 수 있나요?
❶ 마우스로 드래그하여 사자를 원하는 위치에 두면 ❷ 스프라이트 정보창에 사자의 위치를 알수 있어요.
❸ 좌표를 참고하여 동작 팔레트의 x:○ y:○으로 이동하기 블록의 좌표를 사자의 위치로 바꿔요.

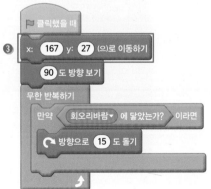

▶ Step5 **허수아비가 회오리 바람을 만나면, 빙글빙글 돌아요.**

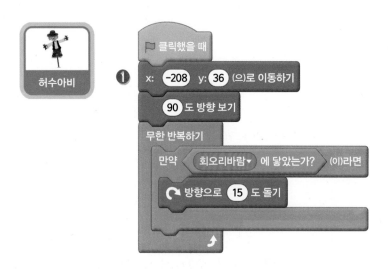

❶ Step3의 ❶~❹의 동일한 단계로 허수아비 스프라이트에 코드를 복사하고 허수아비의 위치
를 `x:-208 y:36 으로 이동하기` 로 수정해요.

▶ Step6 **토토가 회오리 바람을 만나면, 빙글빙글 돌아요.**

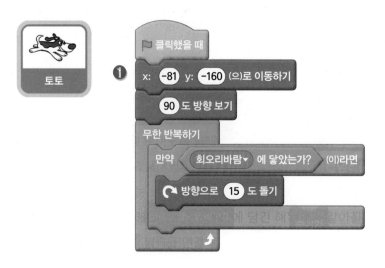

❶ Step3의 ❶~❹의 동일한 단계로 토토 스프라이트에 코드를 복사하고 토토의 위치를 `x: -81`

y: –160 으로 이동하기 로 수정해요.

▶ Step7 **집이 회오리 바람을 만나면, 빙글빙글 돌아요.**

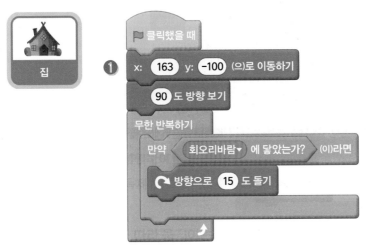

❶ **Step3**의 ❶~❹의 동일한 단계로 집 스프라이트에 코드를 복사하고 집의 위치를 x:163 y:–100 으로 이동하기 로 수정해요.

▶ Step8 **마법의 나라 오즈로**

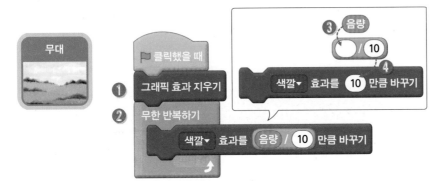

❶ 프로그램이 실행되면 원래 배경에서 시작하도록 이벤트 팔레트의 🏴 클릭했을 때 블록 아래에 형태 팔레트의 그래픽 효과 지우기 블록을 연결해요.

❷ 음량에 따라 계속 배경에 효과를 주기 위해 제어 팔레트의 무한 반복하기 블록을 연결해요.

❸ 연산 팔레드의 나누기 블록 ○/○ 의 앞쪽 칸에 감지 팔레트의 음량 블록을 넣어주고 뒤에는 10 을 입력해요. 음량은 0-100 범위를 가지는데 10으로 나누면 음량의 크기에 따라 색깔 효과가 1~10범위의 값으로 바꿀 수 있어요.

연산 팔레트의 나누기 블록을 쓰지 않고 색깔 효과를 음량만큼 바꾸기를 한다면 아주 작은 소리에도 배경이 바뀌게 됩니다.

❹ ❸에서 완성된 음량 /10 블록을 형태 팔레트의 색깔효과를 ○만큼 바꾸기 블록 안에 넣어줍니다. 색깔효과를 음량 /10 만큼 바꾸기 블록이 계속 반복할 수 있게 무한 반복하기 블록 안에 넣어줘요.

회오리바람

```
클릭했을 때
x: -240  y: -20 (으)로 이동하기
90 도 방향 보기
무한 반복하기
    음량 만큼 움직이기
    방향으로 10 도 돌기
```

도로시

```
클릭했을 때
x: 46  y: -100 (으)로 이동하기
90 도 방향 보기
무한 반복하기
    만약 회오리바람▼ 에 닿았는가? (이)라면
        방향으로 15 도 돌기
```

강철나무꾼

```
클릭했을 때
x: -28  y: 30 (으)로 이동하기
90 도 방향 보기
무한 반복하기
    만약 회오리바람▼ 에 닿았는가? (이)라면
        방향으로 15 도 돌기
```

163

사자

```
클릭했을 때
x: 167 y: 27 (으)로 이동하기
90 도 방향 보기
무한 반복하기
    만약 < 회오리바람▾ 에 닿았는가? > (이)라면
        ↻ 방향으로 15 도 돌기
```

허수아비

```
클릭했을 때
x: -208 y: 36 (으)로 이동하기
90 도 방향 보기
무한 반복하기
    만약 < 회오리바람▾ 에 닿았는가? > (이)라면
        ↻ 방향으로 15 도 돌기
```

토토

```
클릭했을 때
x: -81 y: -160 (으)로 이동하기
90 도 방향 보기
무한 반복하기
    만약 < 회오리바람▾ 에 닿았는가? > (이)라면
        ↻ 방향으로 15 도 돌기
```

집

▶ 클릭했을 때

x: 163 y: -100 (으)로 이동하기

90 도 방향 보기

무한 반복하기

　만약 〈 회오리바람▾ 에 닿았는가? 〉 (이)라면

　　↻ 방향으로 15 도 돌기

무대

▶ 클릭했을 때

그래픽 효과 지우기

무한 반복하기

　색깔▾ 효과를 음량 / 10 만큼 바꾸기

후후~ 불어서 오즈의 나라로 출발! 회오리 바람이 빙글빙글 돌아가듯 배경도 빙글빙글 돌아가게 만들어요.

후~ 불지 않으면 빙글빙글 돌아가던 배경이 반대로 돌아가요.

▶ Step1 **빙글빙글 오즈의 나라**

```
클릭했을 때
그래픽 효과 지우기
무한 반복하기
❶  색깔▼ 효과를 (음량) / 10 만큼 바꾸기
    소용돌이▼ 효과를 (음량) / 10 만큼 바꾸기
```

❶ 색깔효과를 음량 /10 만큼 바꾸기 블록 아래에 소용돌이 효과를 넣어 보아요. 형태 팔레트의 색깔효과를 ○만큼 바꾸기 블록을 가져와 '색깔' 글자를 클릭하여 소용돌이 효과를 음량 /10 만큼 바꾸기 블록으로 바꾸어요. 이제 배경은 후~ 불때마다 배경이 소용돌이처럼 돌아가게 되요.

❷ 후~ 불지 않으면 점점 반대방향으로 돌아가도록 코딩해요. 이벤트 팔레트의 🏳 클릭했을 때 블록을 하나 더 가져와요. 제어 팔레트의 무한 반복하기 블록을 연결하고 그 안에 형태 팔레트의 색깔효과를 ○만큼 바꾸기 블록에서 소용돌이 효과를 -1만큼 바꾸기 블록으로 바꾸어요.

✛ 융합 지식 정보 (자연+문학) ✛

오즈의 마법사에 나오는 회오리 바람은 육상에서 일어나는 심한 공기의 소용돌이로 토네이도보다 규모가 작고 지면에서 불어 올라간 먼지나 모래알들이 기둥 모양으로 선회하는 현상을 말합니다. 크게는 태풍에 이르기도 하는데요. 토네이도는 좁고 강력한 저기압 주위에 부는 자연에서 가장 강한 바람이에요. 토네이도 역시 깔때기 모양의 구름이나 소용돌이치는 먼지 및 파편구름의 형태로 나타나죠. 그 외에 산불, 화산폭발, 지진, 수해 등 자연재난은 자연 현상에 의해 생기는 피할 수 없는 사태로 천재지변인 경우가 많지만, 사람들에 의해 인위적으로 발생하기도 해요.

11

빨간 망토, 늑대를 조심해

역사상 가장 많은 각색과 변화를 거친 동화로, 두건이 달린 망토를 입은 어린 소녀가 숲 속에서 사나운 늑대를 만나고, 탈출하는 이야기입니다. 여러분도 이번 코딩을 하면서 새로운 이야기로 빨간 두건 이야기를 만들어보세요!

❶ 이번 미션은 뭘까?

빨간 망토 소녀는 숲속에 흩어진 케이크, 머핀, 파이를 가지고 할머니댁으로 가야해요. 숲속에는 늑대가 있으니 늑대에게 잡히지 않도록 조심해요.

시작화면

실행화면

미리보기

❷ 어떻게 해결할 수 있을까?

마우스를 따라서 움직인다. 짙은 초록색 길은 빨리 갈 수 있고, 연못에 빠지면 느리게 간다. 늑대를 만나면 게임이 멈춘다. 할머니 집에 도착하면 "할머니 저왔어요"라고 말하고 프로젝트가 종료한다.

빨간 망토를 향해서 움직인다.

랜덤위치로 여기 저기를 ▶ 머핀근처에서 숨어있다가 ▶ 빨간 망토에 닿으면
돌아다닌다.   갑자기 나타난다.   보이지 않는다.

❸ 우리에게 필요한 마법 블록

▶ 참과 거짓 판단하기

우리 일상 생활 속에서는 상황에 따라서 선택하게 되는 일들이 많아요. 학교 가기 전 날씨를 보고 만약 비가 오지 않으면 그냥 등교하고, 비가 온다면 우산을 가지고 등교해요.

프로그램도 우리처럼 조건에 맞으면 해야 할 일과 조건에 맞지 않을 때 해야 할 일을 선택할 수 있어요.

연산 팔레트에서 육각형 모양의 블록은 참(맞는지)인지, 거짓(아닌지)인지를 판단하는 블록이에요. 이런 블록들의 값은 1(참) 또는 0(거짓) 두가지 값만 나타나요.

팔레트	블록	기능설명
연산	그리고	왼쪽 칸과 오른쪽 칸 둘다 참인 경우에만 참이 되요.
	또는	왼쪽 칸과 오른쪽 칸 둘중 하나라도 참이면 참이 되요
	이(가) 아니다	참인 경우에는 거짓으로, 거짓인 경우에는 참으로 바꿔요.

▶ 색깔 감지하기

스프라이트의 상태나 특정한 일이 발생했는지 알아내려면 감지 팔레트를 사용해요. 숲길에 닿았는지를 알아내기 위해서 특정한 색깔에 닿았는가 블록을 사용해요.

팔레트	블록	기능설명
감지	색에 닿았는가?	지정한 색에 닿았는지 알아보는 블록이에요.

▶ 색을 지정하는 방법

색을 클릭하고 아래 스포이드 버튼을 누르면 오른쪽 무대에 원모양이 나타나 돋보기처럼 마우스 주변을 확대해주며 클릭하여 색깔을 설정할 수 있어요.

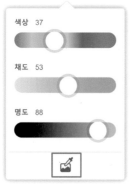

④ 코딩해보자

▶ 재료 준비하기

[파일] 메뉴에서 Load from your computer를 클릭하여 11_빨간 망토와늑대_예제.sb3 파일을 불러와요.

11_빨간 망토와늑대_예제.sb3

스프라이트

빨간 망토 · 늑대1 · 늑대2 · 늑대3

케이크 · 머핀 · 파이 · 할머니집

연못1 · 연못2

배경

▶ Step1 **빨간 망토는 마우스 포인터의 안내를 받아요**

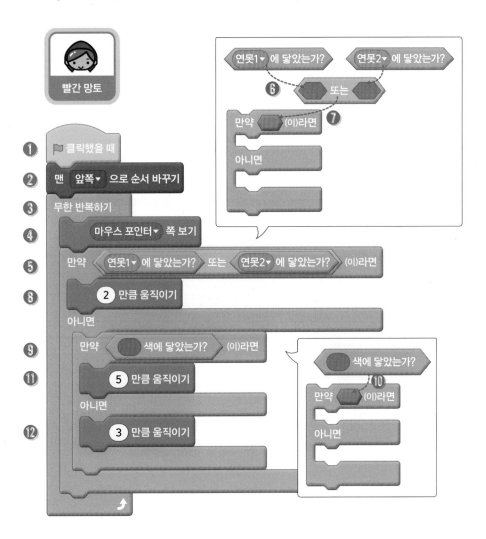

빨간 망토

① 🏳 클릭했을 때

② 맨 앞쪽▼ 으로 순서 바꾸기

③ 무한 반복하기

④ 마우스 포인터▼ 쪽 보기

⑤ 만약 〈 연못1▼ 에 닿았는가? 또는 연못2▼ 에 닿았는가? 〉 (이)라면

⑧ 2 만큼 움직이기

아니면

⑨ 만약 〈 ◯ 색에 닿았는가? 〉 (이)라면

⑪ 5 만큼 움직이기

아니면

⑫ 3 만큼 움직이기

〈 연못1▼ 에 닿았는가? 〉   〈 연못2▼ 에 닿았는가? 〉

⑥ 〈 ◆ 또는 ◆ 〉

⑦ 만약 〈 ◆ 〉 (이)라면

아니면

〈 ◯ 색에 닿았는가? 〉

⑩ 만약 〈 ◆ 〉 (이)라면

아니면

❶ 빨간 망토가 마우스 포인터를 향해서 계속 움직이도록 코딩해요. 이벤트 팔레트의 ⬛클릭했을 때 블록을 가져와요.

❷ 빨간 망토가 다른 스프라이트에 가려지지 않도록 형태 팔레트의 맨 앞쪽으로 순서 바꾸기 블록을 연결해줘요.

❸ 빨간 망토가 계속 움직일 수 있도록 제어 팔레트의 무한 반복하기 블록을 연결해요.

❹ 빨간 망토는 마우스 포인터를 바라보며 움직이도록 동작 팔레트의 마우스 포인터 쪽 보기 블록을 연결해요.

❺ 먼저 연못에 닿았는지 아닌지를 체크해보아요. 제어 팔레트의 만약~라면~아니면 블록을 가져와서 무한 반복하기 블록 안에 넣어줘요.

❻ 조건 블록을 만들기 위해 연산 팔레트의 ○또는○ 블록을 가져와요. 감지 팔레트의 마우스 포인터에 닿았는가 블록을 가져와 연못1에 닿았는가, 연못2에 닿았는가 블록을 만들어 각각의 칸에 넣어 연못1에 닿았는가 또는 연못2에 닿았는가 블록으로 만들어요.

❼ ❻에서 완성된 블록을 만약~라면~아니면 의 조건 칸에 넣어줘요.

❽ 이 조건에 해당하게 되면 조금만 움직이도록 동작 팔레트의 2만큼 움직이기 블록을 넣어줘요.

❾ 연못에 닿지 않았을 경우에 또 한번 더 조건을 살펴보는 블록이 들어가요. 제어 팔레트의 만약~라면~아니면 블록을 아니면 블록 안에 넣어줘요.

❿ 숲속의 길(짙은 초록색)에 닿으면 빨간 망토가 빨리 갈 수 있게 색깔을 감지해보아요. 만약~라

면~아니면 블록의 조건 칸에 감지 팔레트의 ○색에 닿았는가 블록을 넣어줘요. 정확한 색을
지정해 주기 위해서 스포이드 툴을 사용해요.

색을 클릭하면 색깔 선택창이 나타나요. 아래 스포이드 툴을 클릭하면 무대에서 원하는 색을
지정할 수 있어요. 색깔을 정확하게 선택하기 위해 무대쪽으로 마우스를 옮기면 마우스가 위
치한 곳이 돋보기처럼 잘 보여요.

⓫ 숲속의 길(짙은 초록색)에 닿았다면 만약 ○ 색에 닿았는가? 라면 블록의 첫 번째 칸에 동작
팔레트의 5만큼 움직이기 블록을 넣어줘요.

⓬ 아니면 블록 안에는 보통 속도로 움직이도록 동작 팔레트의 3만큼 움직이기 블록을 넣어줘요.

▶ Step2 **빨간 망토야, 숲속에서 나타나는 늑대를 조심해!**

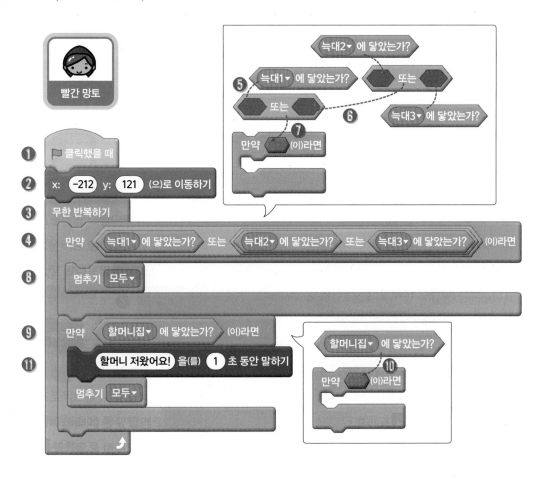

173

❶ 빨간 망토가 늑대를 만났는지, 할머니집에 도착했는지 체크하는 코드를 작성해요. 이벤트 팔레트의 `클릭했을 때` 블록을 가져와요.

❷ 빨간 망토의 출발위치를 지정해요. 동작 팔레트의 x: ○ y: ○으로 이동하기 블록을 가져와서 `x:-212 y:121으로 이동하기` 블록으로 연결해요.

❸ 빨간 망토가 늑대를 만났는지, 할머니집에 도착했는지 계속 체크하기 위해서 제어 팔레트의 `무한 반복하기` 블록을 가져와요.

❹ 먼저 늑대를 만났는지 알아보아요. 무한 반복하기 블록 안에 `만약~라면` 블록을 가져와요.

❺ 3마리의 늑대와 만났는지 조건 블록을 만들어요. 감지 팔레트의 마우스 포인터에 닿았는가 블록을 가져와서 늑대1로 바꿔줘요. 연산 팔레트의 `○ 또는 ○` 블록을 가져와 첫 번째 칸에 `늑대1에 닿았는가` 블록을 넣어줘요.

❻ 연산 팔레트의 `○ 또는 ○` 블록을 하나 더 가져와요. 첫 번째 칸에는 감지 팔레트의 `늑대2에 닿았는가` 블록을 넣어줘요. 두 번째 칸에는 감지 팔레트의 `늑대3에 닿았는가` 블록을 넣어줘요.

❼ `늑대2에 닿았는가` 또는 `늑대3에 닿았는가` 블록을 가져와 ❺에서 만들어진 `늑대1에 닿았는가 또는 ○` 블록의 두 번째 칸에 넣어줘요.

주 의

여러 개 블록이 결합된 블록을 옮길 때는 가장 아래의 블록을 잡고 옮겨줘야 해요.

❽ 늑대들에게 닿았을 때는 프로젝트가 멈추도록 코딩해요. 제어 팔레트의 `멈추기 모두` 블록을 연결해줘요.

❾ 이번에는 할머니집에 도착했을 때를 코딩해요. 제어 팔레트의 `만약~라면` 블록을 가져와요

❿ 감지 팔레트의 마우스 포인터에 닿았는가 블록을 가져와 마우스포인터를 클릭하여 `할머니집에 닿았는가`로 바꾸고 만약~라면 블록의 조건 칸에 넣어서 `만약 할머니집에 닿았는가 라면` 블록을 만들어요.

⓫ 형태 팔레트의 안녕을 1초 동안 말하기 블록을 가져와 `'할머니 저왔어요!' 를 1초 동안 말하기` 블록으로 바꾸고 `만약 할머니집에 닿았는가 라면` 블록 안에 넣어줘요. 제어 팔레트의 `멈추기 모두` 블록을 연결해요.

❶ 프로젝트가 시작되면 늑대1이 움직여요. 이벤트 팔레트의 🏳클릭했을 때 블록을 가져와요.

❷ 늑대1의 시작 위치를 지정해줘요. 동작 팔레트의 x: ○ y: ○으로 이동하기 블록을 가져와서 x:-205 y:-40으로 이동하기 블록으로 바꿔요.

늑대1의 위치는 **빨간 망토**랑 떨어진 위치로 지정해줘요. 빨간 망토와 가까우면 프로젝트가 시작하자마자 늑대를 만날 수도 있으니까요.

❸ 빨간 망토를 향해 계속 움직이도록 제어 팔레트의 무한 반복하기 블록을 가져와요.

❹ 동작 팔레트의 마우스 포인터 쪽 보기 블록을 가져와 '마우스 포인터'를 클릭하여 빨간 망토 쪽 보기 블록으로 바꾸고 무한 반복하기 블록 안에 넣어줘요.

❺ 이제 빨간 망토를 향하여 조금씩 움직여 보아요. 동작 팔레트의 1만큼 움직이기 블록을 무한 반복하기 블록 안에 넣어줘요.

▶ Step4 **늑대2는 숲 속을 여기저기 다녀요.**

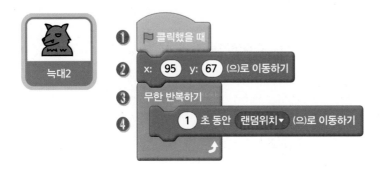

❶ 프로젝트가 시작되면 늑대2가 움직여요. 이벤트 팔레트의 ⚑클릭했을 때 블록을 가져와요.

❷ 늑대2의 시작 위치를 지정해줘요. 동작 팔레트의 x: ○ y: ○으로 이동하기 블록을 가져와서
x:95 y:67으로 이동하기 블록으로 연결해요.

❸ 늑대2가 숲속을 이리저리 다니도록 제어 팔레트의 무한 반복하기 블록을 가져와요.

❹ 동작 팔레트의 1초 동안 랜덤 위치로 이동하기 블록을 가져와서 무한 반복하기 블록 안에 넣어
줘요.

1초 동안 무대의 랜덤위치로 옮겨가기 때문에 거리에 따라 어떤 때는 천천히 움직이고 어떤 때는 빨리 움직이게 된답니다.

▶ Step5 **늑대3은 숨어있다가 짠! 나타나요.**

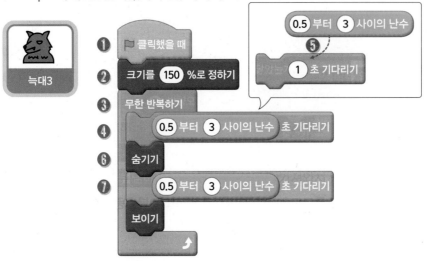

❶ 프로젝트가 시작되면 늑대3이 움직여요. 이벤트 팔레트의 ⚑클릭했을 때 블록을 가져와요.

❷ 늑대3은 다른 늑대보다 조금 크게 보이도록 형태 팔레트의 크기를 150%로 정하기 블록을 연결해요.

❸ 늑대3은 머핀 근처에서 계속 보였다 숨었다를 반복하기 위해 제어 팔레트의 무한 반복하기 블록을 연결해요.

❹ 제어 팔레트의 ○초 기다리기 블록을 무한 반복하기 블록 안에 넣어줘요.

❺ 갑자기 보였다 숨었다 할 수 있게 연산 팔레트의 1부터10사이의 난수 블록을 가져와 0.5부터 3 사이의 난수 블록으로 바꿔 초 기다리기 블록에 넣어줘요.

❻ 0.5부터 3사이의 난수 초기다리기 후에 늑대를 숨겨보아요. 형태 팔레트의 숨기기 블록을 연결해줘요.

❼ 숨었다가 이제는 늑대가 나타나게 해보아요. 제어 팔레트의 ○초 기다리기 블록에 ❺처럼 만든 0.5부터 3사이의 난수 블록을 넣어 연결하고, 숨었던 늑대가 나타나도록 형태 팔레트의 보이기 블록을 연결해줘요.

▶ Step6 **빨간 망토! 케이크를 챙겨가요.**

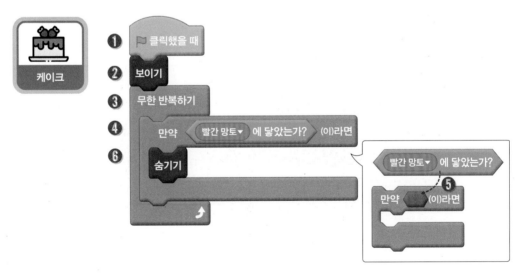

❶ 이벤트 팔레트의 ⚑클릭했을 때 블록을 가져와요.

❷ 케이크가 무대에 보이도록 형태 팔레트의 보이기 블록을 연결해요.

❸ 빨간 망토가 가져가는지 계속 체크하기 위해서 제어 팔레트의 무한 반복하기 블록을 연결해요.

❹ 케이크가 빨간 망토에 닿았는지 알아보기 위해 제어 팔레트의 만약~라면 블록을 가져와 무한 반복하기 블록을 넣어줘요.

❺ 만약~라면 블록의 조건 칸에 감지 팔레트의 마우스 포인터에 닿았는가 블록을 연결하고 '마우스 포인터'를 클릭하여 빨간 망토에 닿았는가 로 바꿔요.

❻ 빨간 망토에 닿았다면 빨간 망토가 가져간 것이니 더 이상 그 자리에 케이크가 보이지 않도록 형태 팔레트의 숨기기 블록을 연결해요.

▶ Step7 **머핀과 파이도 챙겨요**

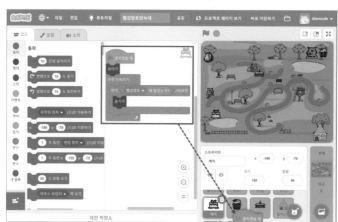

❶ 머핀과 파이는 케이크의 코드와 동일해요. 케이크의 코드를 복사해요.

❷ 케이크 스프라이트의 코드에서 ⚑클릭했을 때 블록 묶음을 클릭한 채 머핀 스프라이트까지 드래그해서 놓아요.

❸ 동일한 방법으로 케이크 스프라이트 코드에서 ⚑클릭했을 때 블록 묶음을 클릭한 채 파이 스프라이트까지 드래그해서 놓아요.

오즈의 마법사편 강철나무꾼의 **복사하기**를 참고해요.(158쪽) 복사가 어려우면 케이크 스프라이트를 참고해서 동일하게 머핀 스프라이트와 파이 스프라이트도 코딩해보아요.

빨간 망토

▶ 클릭했을 때

맨 앞쪽▼ 으로 순서 바꾸기

무한 반복하기

　　마우스 포인터▼ 쪽 보기

　　만약 　연못1▼ 에 닿았는가? 　또는 　연못2▼ 에 닿았는가? 　(이)라면

　　　　2 만큼 움직이기

　　아니면

　　　　만약 　　　색에 닿았는가? 　(이)라면

　　　　　　5 만큼 움직이기

　　　　아니면

　　　　　　3 만큼 움직이기

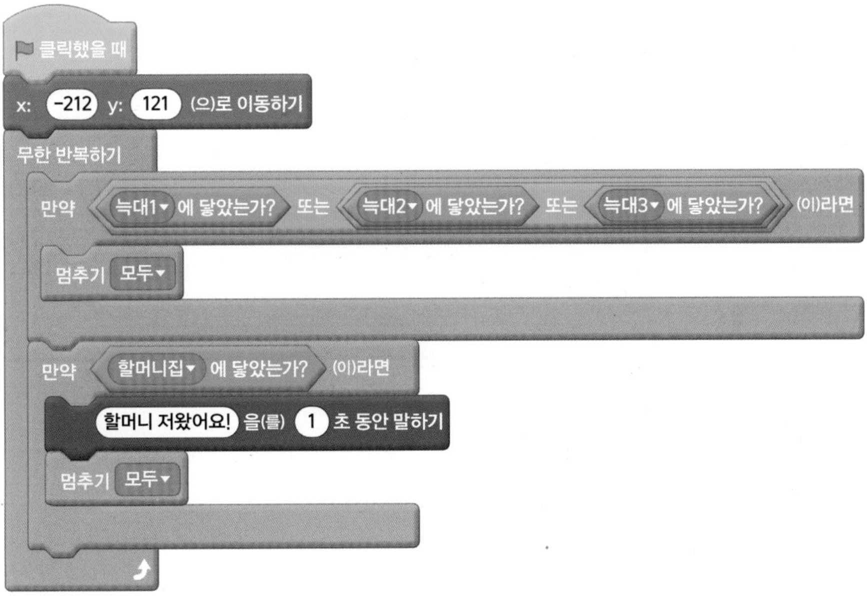

▶ 클릭했을 때

x: -212 y: 121 (으)로 이동하기

무한 반복하기

　　만약 　늑대1▼ 에 닿았는가? 　또는 　늑대2▼ 에 닿았는가? 　또는 　늑대3▼ 에 닿았는가? 　(이)라면

　　멈추기 모두▼

　　만약 　할머니집▼ 에 닿았는가? 　(이)라면

　　　　할머니 저왔어요! 을(를) 1 초 동안 말하기

　　　　멈추기 모두▼

늑대1

```
🏴 클릭했을 때
x: -205  y: -40  (으)로 이동하기
무한 반복하기
    빨간 망토▼ 쪽 보기
    1 만큼 움직이기
```

늑대2

```
🏴 클릭했을 때
x: 95  y: 67  (으)로 이동하기
무한 반복하기
    1 초 동안  랜덤위치▼ (으)로 이동하기
```

늑대3

```
🏴 클릭했을 때
크기를 150 %로 정하기
무한 반복하기
    0.5 부터 3 사이의 난수  초 기다리기
숨기기
    0.5 부터 3 사이의 난수  초 기다리기
보이기
```

케이크

머핀

파이

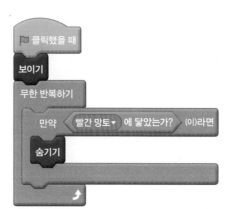

★꿀마법★

빨간 망토는 케이크, 머핀, 파이를 모두 가져가야 해요. 할머니집에 도착했을 때 케이크, 머핀, 파이가 모두

있어야 "할머니 저 왔어요"라고 말하고 프로그램이 종료될 수 있게 수정해보아요.

▶ **Step1** **케이크, 머핀, 파이를 담을 변수를 만들어요.**

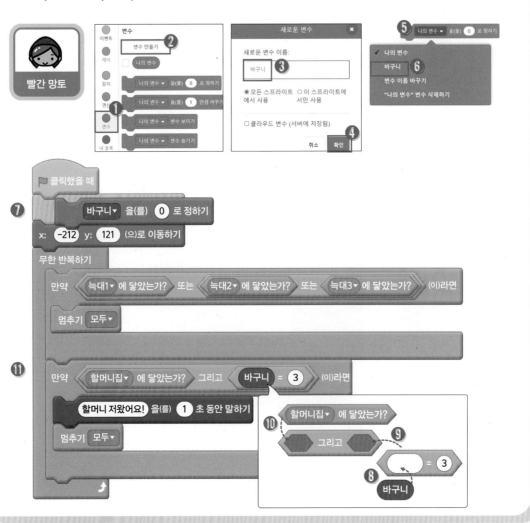

❶ 변수 팔레트를 선택해서 ❷ 변수 만들기 버튼을 클릭해요.

❸ 새로운 변수 이름 칸에 '바구니'를 입력하고 ❹ 확인을 눌러줘요. 바구니 변수가 만들어졌어요.

❺ 변수 팔레트의 나의변수를 0으로 정하기 블록을 가져와서 '나의변수'를 클릭해요.

❻ 바구니를 클릭하여 바구니를 0으로 정하기 블록으로 만들어요.

❼ 빨간 망토 스프라이트에서 늑대와 할머니집에게 닿았는지 체크하는 코딩 블록에서 클릭했을 때 블록 바로 아래에 바구니를 0으로 정하기 블록을 끼워줘요.

❽ 할머니집에 닿았을 때 바구니에 3개의 간식이 들어있는지 같이 체크하기 위해서 만약 할머니집에 닿았는가 라면 블록을 수정해보아요. 연산 팔레트의 ○=○ 블록을 가져와 변수 팔레트의 바구니 블록을 첫 번째 칸에 넣어주고 두 번째 칸에는 3을 넣어 바구니 =3 블록으로 만들어요.

❾ 연산 팔레트의 ○그리고○ 블록을 가져와 두 번째 칸에 ❽에서 만든 바구니 =3 블록을 넣어 줍니다.

❿ ○그리고○ 블록의 첫 번째 칸에 할머니집에 닿았는가 를 넣어줘요.

⓫ 완성된 할머니집에 닿았는가 그리고 바구니 =3 블록을 만약~라면 블록의 조건 칸에 넣어줘요.

▶ Step2 케이크, 머핀, 파이를 바구니에 담아요.

케이크, 머핀, 파이 스프라이트에 동일하게 코딩해요.

케이크

머핀

파이

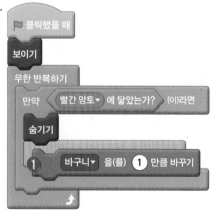

❶ 변수 팔레트의 나의 변수를 1만큼 바꾸기 블록을 가져와 '나의 변수'를 클릭하여 바구니를 1만큼 바꾸기 블록으로 만들어 만약 빨간 망토에 닿았는가 라면 블록 안에 숨기기 블록 아래에 연결해줘요.

3부

과학 코딩

12

이상한 가게, 신기한 스마트폰으로 장보기

이번에는 마트에서 흔히 볼 수 있는 물건을 스마트폰으로 보다 편리하고, 좀 더 재미있게 살 수 있는 코딩 체험을 해볼 거예요. 매일 들고 다니는 스마트폰을 가지고 이상한 가게에서 색다른 쇼핑을 즐겨 보실래요?

① 이번 미션은 뭘까?

스마트폰을 들고 가게에 진열된 물건을 클릭해봐요. 스마트폰으로 보면 몬스터가 짠! 큐알코드로 스캔해서 물건 가격이 얼마인지 알아보고 카트에 물건을 담아요.

시작화면

실행화면

미리보기

② 어떻게 해결할 수 있을까?

마우스 위치에서 움직인다.

스마트폰이 가까이 가면 몬스터로 변신한다.

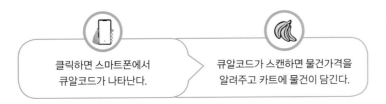

클릭하면 스마트폰에서
큐알코드가 나타난다.

큐알코드가 스캔하면 물건가격을
알려주고 카트에 물건이 담긴다.

❸ 우리에게 필요한 마법 블록

▶ 스프라이트 위치 정하기 & 위치 알아내기

팔레트	블록	기능설명
동작	x: 0 y: 0 (으)로 이동하기	x와 y의 위치 값을 지정하여 스프라이트를 무대의 정해진 위치에 놓아요.
	x좌표	스프라이트의 현재 x좌표 값을 알려줘요.
	y좌표	스프라이트의 현재 y좌표 값을 알려줘요.

▶ 좌표

인터넷을 이용하여 물건을 주문하거나, 배달을 부탁할 때 우리는 정확한 주소를 알려줘야만 물건을 받을 수 있어요.

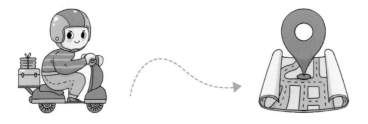

코딩에서도 스프라이트에게 정확한 위치를 정확히 알려주면 내가 원하는 위치로 이동할 수 있겠지요? 스프라이트를 내가 원하는 곳에 두고 싶을 때, 스프라이트가 정확히 어느 위치에 있는지 알고 싶을 때 좌표를 사용해요.

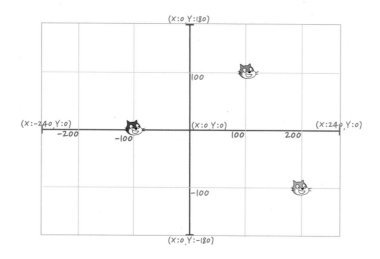

스프라이트가 돌아다니는 무대의 크기는 가로 480, 세로 360으로 이루어져 있어요. 무대의 특정 지점에 스프라이트를 위치시키려면 무대의 위치를 알고 있어야 해요. 가운데에서 좌우로 얼마나 떨어져 있는지 x의 값으로 표시하고, 위아래로 얼마나 떨어져 있는지 y의 값으로 표시해요.

가운데는 x:0, y:0로 표현할 수 있어요. 오른쪽으로 갈수록 x 좌표의 값이 240까지 늘어나고, 왼쪽으로 갈수록 값이 −240까지 줄어들어요. 위쪽으로 갈수록 y좌표의 값이 180까지 늘어나고, 아래쪽으로 갈수록 −180까지 늘어나요.

▶ 재료 준비하기

[파일]메뉴에서 Load from your computer를 클릭해 12_이상한가게_예제.sb3 파일을 불러와요.

12_이상한가게_예제.sb3

스프라이트

▶ Step1 물건을 진열대에 위치해요.

❶ 물건을 진열하기 위해 스프라이트를 추가버튼을 클릭해요.

❷ 내가 원하는 물건을 클릭해요.

❸ 스프라이트 목록창에 선택한 물건이 추가 되었어요.

❹ 모양탭을 클릭하여 바나나 스프라이트의 모양을 편집해보아요.

❺ 모양 추가 버튼을 클릭하여 스크래치에서 제공하고 있는 스프라이트를 추가해요.

❻ 판타지를 클릭하면 관련 스프라이트 목록을 볼 수 있어요. Ghost-c를 선택해요.

❼ 몬스터가 모양리스트에 추가되었어요. 프로젝트에서는 바나나가 보이도록 다시 바나나를 선택해요.

❽ 코드 탭을 눌러서 스크립트창으로 돌아가요.

▶ Step2 **바나나였는데 몬스터로 변신해요.**

마우스에 닿기만 하면 바나나가 아닌 몬스터가 나타나도록 코딩해요.

❶ 이벤트 팔레트의 🚩 클릭했을 때 블록을 가져와요.

❷ 바나나가 물건 진열대의 임의의 위치에 놓이도록 코딩해요. 동작 팔레트의 x:○ y:○ 으로 이동하기 블록을 연결해요. 진열대는 위쪽으로 70, 아래쪽으로 -70, 오른쪽으로 180, 왼쪽으로 -180까지 영역이에요.

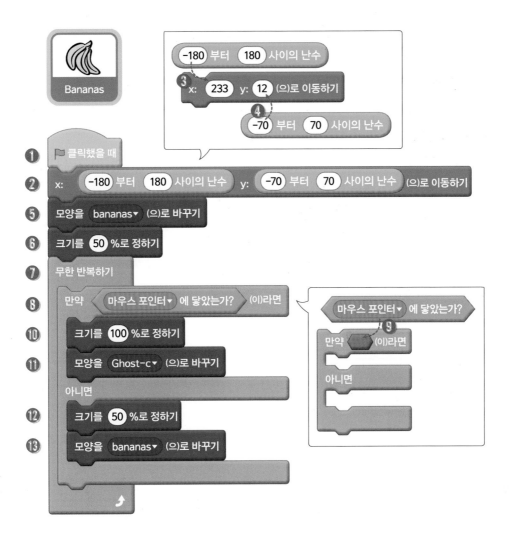

❸ 연산 팔레트의 1부터 10사이의 난수 블록을 가져와 `-180부터 180 사이의 난수` 블록으로 바꿔서 `x좌표` 칸에 넣어요.

❹ 연산 팔레트의 1부터 10사이의 난수 블록을 가져와 `-70부터 70 사이의 난수` 블록으로 바꿔서 `y좌표` 칸에 넣어요.

❺ 바나나의 모습으로 시작하도록 형태 팔레트의 `모양을 bananas로 바꾸기` 블록을 연결해요.

❻ 바나나 크기를 조절해요. 형태 팔레트의 크기를 100%로 정하기 블록을 가져와 `크기를 50%로 정하기` 블록으로 바꾸어 연결해요.

❼ 마우스 포인터에 닿았는지 계속 체크하기 위해서 제어 팔레트의 `무한 반복하기` 블록을 가져와 연결해요.

❽ 제어 팔레트의 `만약~라면~아니면` 블록을 가져와 `무한 반복하기` 블록 안에 넣어줘요.

❾ `만약~라면~아니면` 조건 칸에 감지 팔레트의 `마우스 포인터에 닿았는가` 블록을 끼워줍니다.

❿ 바나나의 모습을 하고 있다가 마우스 포인터에 닿게 되면 몬스터로 보이도록 코딩해요. `만약` `마우스 포인터에 닿았는가` `라면` 블록 안에 몬스터가 크게 나타날 수 있게 형태 팔레트의 `크기를 100%로 정하기` 블록을 넣어 크기가 원래 모양으로 나타나게 해요.

⓫ 형태 팔레트의 `모양을 Ghost-c로 바꾸기` 블록을 넣어서 몬스터 모양이 보이도록 코딩해요.

⓬ 마우스 포인터에 닿지 않았을 때는 작은 바나나 모양이 보이도록 코딩해요. `아니면` 블록 안에 형태 팔레트의 `크기를 50%로 정하기` 블록을 연결해요.

⓭ 형태 팔레트의 `모양을 bananas으로 바꾸기` 블록을 연결해요.

⓮ 물건을 클릭하게 되면 물건가격을 알려주고 카트에 담아요. 이벤트 팔레트의 `이 스프라이트를 클릭했을 때` 블록을 가져와요.

⓯ 가격을 표시하기 위해서 형태 팔레트의 안녕을 1초 동안 말하기 블록을 가져와 '안녕' 글자 대신 `3000(내가 원하는 가격)` 을 입력해요.

⓰ 마우스가 올려져서 크기가 100%가 된 상태이므로 다시 진열된 상태의 크기로 만들어요. 형태 팔레트의 `크기를 50%로 정하기` 블록을 연결해요.

⓱ 물건이 카트에 담기도록 동작 팔레트의 무작위 위치로 이동하기 블록을 가져와 '무작위 위치'를 클릭하여 `카트로 이동하기` 블록으로 바꾸어 연결해요.

▶ Step3 **다른 물건들도 나열해보아요.**

Step1, Step2과정으로 동일하게 스크래치에서 제공하는 스프라이트를 추가해서 가게에 물건을 나열해보아요.

▶ Step4 **스마트폰이 마우스를 따라다니며 물건들을 알아보아요**

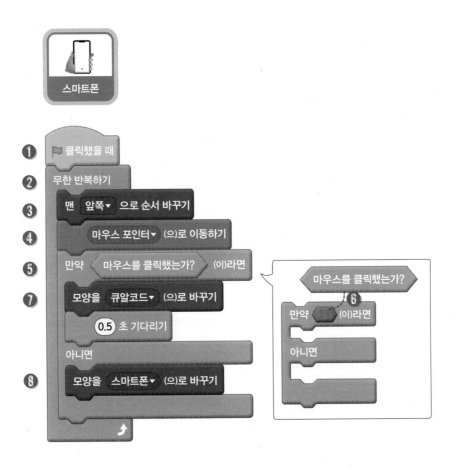

❶ 이벤트 팔레트의 🏳️클릭했을 때 블록을 가져와요.

❷ 마우스가 클릭했는지를 계속 감지하기 위해서 제어 팔레트의 무한 반복하기 블록을 연결해요.

❸ 스마트폰이 다른 스프라이트에 가려지지 않도록 형태 팔레트의 맨 앞쪽으로 순서바꾸기 블록을 무한 반복하기 블록 안에 넣어줘요.

❹ 스마트폰이 계속 마우스 위치에서 움직이도록 동작 팔레트의 마우스 포인터로 이동하기 블록을 연결해요.

❺ 마우스를 클릭했을 때 스마트폰의 모양과 클릭하지 않았을 때 스마트폰의 모양이 다르도록 코딩해요. 제어 팔레트의 만약~라면~아니면 블록을 가져와요.

❻ 조건 칸에 감지 팔레트의 마우스를 클릭했는가 블록을 가져와서 조건 칸 안에 넣어줘요.

❼ 마우스를 클릭하면 큐알코드를 읽는 것처럼 보여요. 만약~라면 블록 아래 부분에 형태 팔레트의 모양을 큐알코드로 바꾸기 블록을 넣어줘요. 이어서 제어 팔레트의 1초 기다리기 블록을 연결하고 0.5초 기다리기 로 바꾸어요. 클릭할 때 큐알코드가 나타났다가 0.5초 뒤에 큐알코드가 사라져요.

❽ 마우스를 클릭하지 않은 상태라면 스마트폰 모양으로 설정해요. 아니면 블록 아래에 형태 팔레트의 모양을 스마트폰으로 바꾸기 블록을 넣어줘요.

Bananas

클릭했을 때

x: -180 부터 180 사이의 난수 y: -70 부터 70 사이의 난수 (으)로 이동하기

모양을 bananas▼ (으)로 바꾸기

크기를 50 %로 정하기

무한 반복하기

　만약 마우스 포인터▼ 에 닿았는가? (이)라면

　　크기를 100 %로 정하기

　　모양을 Ghost-c▼ (으)로 바꾸기

　아니면

　　크기를 50 %로 정하기

　　모양을 bananas▼ (으)로 바꾸기

이 스프라이트를 클릭했을 때

3000 을(를) 1 초 동안 말하기

크기를 50 %로 정하기

카트▼ (으)로 이동하기

스마트폰

클릭했을 때

무한 반복하기

　맨 앞쪽▼ 으로 순서 바꾸기

　마우스 포인터▼ (으)로 이동하기

　만약 마우스를 클릭했는가? (이)라면

　　모양을 큐알코드▼ (으)로 바꾸기

　　0.5 초 기다리기

　아니면

　　모양을 스마트폰▼ (으)로 바꾸기

쇼핑을 다했다면 결재를 해볼까요?

▶ Step1 **스프라이트를 추가해보자.**

스프라이트 추가 버튼 중 스프라이트 업로드하기를 눌러서 본문 예제 파일 키오스크.sprite3을
추가해보아요.

▶ Step2 **결재를 해보아요!**

kiosk를 클릭하면 카드전표가 나오면서 쇼핑한 합계 금액을 알려줘요.

❶ 이벤트 팔레트의 ⚑클릭했을 때 블록을 가져와요.

❷ 프로젝트가 시작되었을 때는 합계 금액이 0으로 시작하도록 설정해요. 변수 팔레트의 변수만
들기를 클릭하여 '합계' 변수를 만들어요. 변수 팔레트에서 합계를 0으로 정하기 블록을 가져
와 연결해요.

❸ 형태 팔레트의 모양을 계산1로 바꾸기 블록을 연결해요.

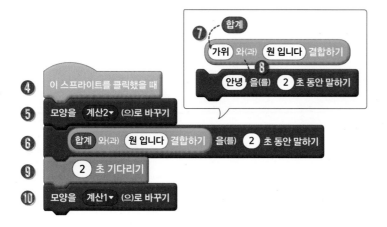

❹ 이벤트 팔레트에서 이 스프라이트를 클릭했을 때 블록을 가져와요.

❺ 클릭하게 되면 영수증이 나오는 모양으로 바꿔요. 형태 팔레트의 모양을 계산2로 바꾸기 블록을 연결해요.

❻ 카트에 담은 물건의 값들을 합한 금액을 말하도록 형태 팔레트의 안녕 2초 동안 말하기 블록을 연결해요.

❼ 연산 팔레트의 가위와 나무 결합하기 블록을 가져와요. 변수 팔레트의 합계 블록을 가져와서 '가위' 글자칸에 끼워넣어요. '나무'칸에는 '원입니다' 글자를 입력해요.

❽ 완성된 합계 와 원입니다 결합하기 블록을 '안녕' 칸에 넣어줘요.

❾ 합계 금액이 잠시 보여지도록 제어 팔레트의 2초 기다리기 블록을 연결해요.

❿ 다시 모양이 계산1의 모양으로 바뀌도록 형태 팔레트의 모양을 계산1로 바꾸기 블록을 연결해줘요.

▶ Step3 **물건의 값들을 더해보아요**

Bananas

❶ 바나나 스프라이트를 선택하고 이 스프라이트를 클릭했을 때 코드 블록 모음 아래에 물건금액
을 더하는 코드를 만들어요. 변수 팔레트의 합계를 3000 만큼 바꾸기 블록을 연결해요.

다른 물건 스프라이트도 추가했다면 각 스프라이트의 이 스프라이트를 클릭했을 때 코드 블록 모음 아래에 동일하게 **합**
계를 0000(금액)만큼 바꾸기 블록을 연결해 줘요.

13

우주 여행, 외계인을 피해 비행사를 구출하자

우주란 행성, 별, 은하계 그리고 모든 형태의 물질과 에너지를 포함한 모든 시공간과 그 내용물 전체를 말해요. 크기를 알 수 없는 무한한 우주 공간으로 여행을 떠나는 것 상상해 본 적 있나요? 이번에는 알 수 없는 우주에서 외계인을 물리치는 스토리를 상상하면서 코딩을 게임처럼 함께 만들어 볼게요.

❶ 이번 미션은 뭘까?

공격하는 외계인들을 피하여 우주에 흩어진 7명의 비행사들을 구출하자.

시작화면

실행화면

❷ 어떻게 해결할 수 있을까?

start 버튼을 클릭하면
게임이 시작된다.

배경이 화면의
오른쪽에서 왼쪽으로 움직인다.

우주선은 키보드 방향키로
조종하여 비행사를 구출한다.

비행사는 무대에 나타나
임의의 위치로 움직인다.

외계인들은 오른쪽에서 나타나
왼쪽으로 이동한다.

적을 맞추면
적이 사라지게 된다.

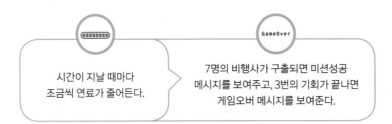

시간이 지날 때마다
조금씩 연료가 줄어든다.

7명의 비행사가 구출되면 미션성공
메시지를 보여주고, 3번의 기회가 끝나면
게임오버 메시지를 보여준다.

③ 우리에게 필요한 마법 블록

▶ 움직이는 배경

무대에 올려지는 배경은 움직일 수 없어요. 배경을 스프라이트로 가져와 동작과 제어로 배경을 움직여보아요. 똑같은 배경 두개를 스프라이트를 사용하여 두 배경 스프라이트가 나란히 위치하도록 코딩해요. 각 배경이 지정위치까지 왼쪽으로 이동하고 난 후, 다시 처음 위치에서 움직이도록 코딩하면 배경이 계속 바뀌는 효과를 나타낼 수 있어요.

④ 코딩해보자

▶ 재료 준비하기

[파일]메뉴에서 Load from your computer를 클릭하여 13_우주선_예제.sb3 파일을 불러와요.

13_우주선_예제.sb3

스프라이트

▶ Step1 **전체 구조 살펴보기**

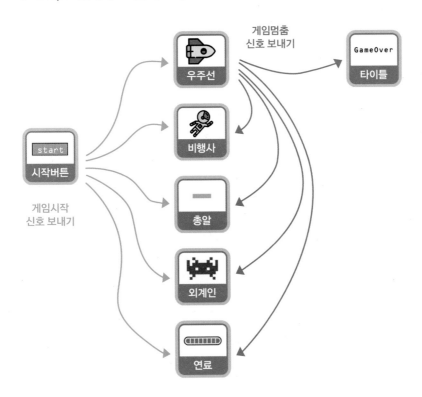

프로젝트가 시작되면 무대에 시작버튼이 보여요. 시작버튼을 누르면 게임시작 신호를 각 스프라

이트에게 보내져요. 각 스프라이트는 게임시작 신호를 받았을 때 움직이도록 코딩해요.

우주선이 3번의 목숨을 잃게 되거나, 비행사를 다 구출했다면 게임종료(미션성공, 게임오버) 신호를 보내요. 각 스프라이트가 게임종료 신호를 받게 되면 멈추게 되고, 타이틀은 신호에 따라 나타나요.

▶ Step2 **시작버튼은 게임의 시작을 알려요**

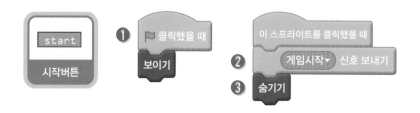

❶ 프로젝트가 시작되면 시작버튼이 보이도록 코딩해요. 이벤트 팔레트의 ⚑클릭했을 때 블록과 형태 팔레트의 보이기 블록을 연결해요.

❷ 시작버튼을 클릭하면 게임시작을 알려줘요. 이벤트 팔레트의 이 스프라이트를 클릭했을 때 블록을 가져와요. 이제 게임이 시작되므로 이벤트 팔레트의 메시지1 신호 보내기 블록을 가져와 새로운 메시지를 선택하고 게임시작 신호 보내기 블록으로 바꿔요.

❸ 게임이 시작되므로 시작버튼은 숨기기로 해요. 형태 팔레트의 숨기기 블록을 연결해요.

❹ 미션완료 신호를 받았을 때 다시 게임을 시작할 수 있게 버튼이 보이도록 코딩해요. 이벤트 팔레트의 메시지1 신호를 받았을 때 블록을 가져와 미션완료 신호를 받았을 때 블록으로 바꿔요. 이어서 형태 팔레트의 보이기 블록을 연결해요.

❺ 게임오버 신호를 받았을 때 다시 게임을 시작할 수 있게 버튼이 보이도록 코딩해요. 이벤트 팔레트의 메시지1 신호를 받았을 때 블록을 가져와 게임오버 신호를 받았을 때 블록으로 바꿔요. 이어서 형태 팔레트의 보이기 블록을 연결해요.

❶ 게임 시작신호를 받으면 배경이 계속 움직이게 코딩해요. 이벤트 팔레트의 게임시작 신호를 받았을 때 블록과 제어 팔레트의 무한 반복하기 블록을 연결해요.

❷ 무한 반복하기 블록 안에 반복해야 할 블록들을 넣어요. 배경은 다른 스프라이트들 보다 맨뒤에 있어야 하므로 형태 팔레트의 뒤로 99 단계 보내기 블록을 연결해요.

❸ 우주배경이 화면 중간에 위치하도록 동작 팔레트의 x:0 y:0 으로 이동하기 블록을 연결해요.

❹ 배경이 서서히 왼쪽으로 움직이도록 동작 팔레트의 ○초 동안 x:○ y:○ 으로 이동하기 블록을 가져와 10초 동안 x:-480 y:0으로 이동하기 블록으로 바꿔요.

❺ 우주배경2도 우주배경1과 동일해요. 단, 시작 위치와 이동하기 위치가 달라요. 우주배경2가 우주배경1 바로 옆에 위치하도록 동작 팔레트의 x:480 y:0 으로 이동하기 블록을 연결해요. 배경이 왼쪽으로 움직이도록 10초 동안 x:0 y:0 으로 이동하기 블록을 연결해요. 화면에서는 보이지 않지만 우주배경1 바로 옆에 우주배경2가 있어요.

❶ 프로젝트가 시작되면 우주선이 보이지 않아요. 이벤트 팔레트의 ⚑ 클릭했을 때 블록과 형태 팔레트의 숨기기 블록을 연결해요.

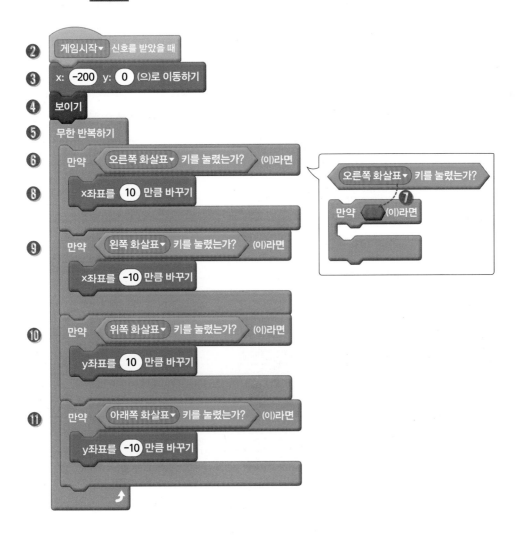

❷ 게임시작 신호를 받으면 우주선을 조종할 수 있도록 코딩해요. 이벤트 팔레트의 게임시작 신호를 받았을 때 블록을 가져와요.

❸ 우주선의 시작 위치를 왼쪽 끝에서 나타나도록 지정해 줘요. 동작 팔레트의 x:-200 y:0 으로 이동하기 블록을 연결해요.

❹ 숨겨진 우주선이 보이도록 형태 팔레트의 보이기 블록을 연결해요.

❺ 우주선은 방향키에 따라 움직이게 되는데 방향키가 눌려졌는지 계속 체크하기 위해서 제어 팔레트의 무한 반복하기 블록을 연결해요.

❻ 방향키가 눌려졌는지 체크하기 위해서 제어 팔레트의 만약~라면 블록을 가져와 연결해요.

❼ 감지 팔레트의 스페이스 키를 눌렀을 때 블록을 가져와서 오른쪽 화살표 키를 눌렀는가 블록으로 바꾸고 만약~라면 블록의 조건 칸에 넣어줘요.

❽ 오른쪽 키를 누르면 오른쪽으로 이동하도록 코딩해요. 만약 오른쪽 화살표 키를 눌렀는가 라면 블록 안에 동작 팔레트의 x좌표를 10만큼 바꾸기 블록을 넣어줘요.

❾ ❻~❽과 동일한 과정으로 연결해요. 왼쪽 화살표 키를 눌렀다면 왼쪽으로 이동하도록 동작 팔레트의 x좌표를 -10만큼 바꾸기 로 연결해줘요.

❿ ❻~❽과 동일한 과정으로 연결해요. 위쪽 화살표 키를 눌렀다면 위로 이동하도록 동작 팔레트의 y좌표를 10만큼 바꾸기 로 연결해요.

⓫ ❻~❽과 동일한 과정으로 연결해요. 아래쪽 화살표 키를 눌렀다면 아래로 이동하도록 동작 팔레트의 y좌표를 -10만큼 바꾸기 로 연결해요.

▶ Step5 **슈웅슈웅 우주선을 표현해요**

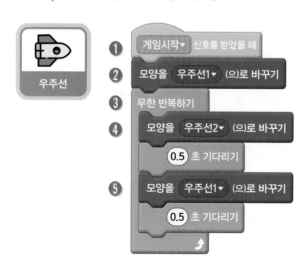

❶ 이벤트 팔레트의 `게임시작 신호를 받았을 때` 블록을 하나 더 가져와요.

❷ 처음 우주선 모양을 지정해요. 형태 팔레트의 `모양을 우주선1로 바꾸기` 블록을 연결해요.

❸ 우주선2 → 우주선1 → 우주선2 → 우주선1 모양이 계속 바뀌도록 제어 팔레트의 `무한 반복 하기` 블록을 연결해요.

❹ 형태 팔레트의 `모양을 우주선2로 바꾸기` 블록을 `무한 반복하기` 블록 안에 넣어줘요. 우주선2 의 모양이 조금 기다렸다가 바뀌도록 제어 팔레트의 `0.5초 기다리기` 를 연결해줘요.

❺ 형태 팔레트의 `모양을 우주선1로 바꾸기` 블록을 이어서 연결해줘요. 우주선1의 모양이 조금 기다렸다가 바뀌도록 제어 팔레트의 `0.5초 기다리기`를 연결해줘요.

▶ Step6 **우주선의 목숨**

❶ 우주선은 외계인과 부딪히면 목숨을 잃어요. 3번의 기회를 잃게 되면 게임오버가 되도록 코딩 해요. 목숨 정보를 담기 위해 변수 팔레트에서 변수 만들기를 클릭해서 목숨 변수를 만들어요.

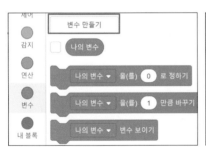

❷ 이벤트 팔레트의 `게임시작 신호를 받았을 때` 블록을 하나 더 가져와요.

❸ 변수 팔레트에서 나의 변수를 0로 정하기 블록을 가져와 '나의변수'를 클릭하여 `목숨을 3로 정하 기` 블록으로 바꿔요.

❹ 목숨 값을 계속 체크하기 위해서 제어 팔레트의 `무한 반복하기` 블록을 연결해요.

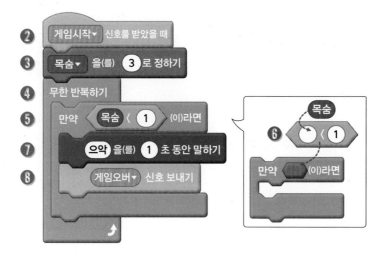

❺ 목숨 값이 1보다 작은지 체크하기 위해서 제어 팔레트의 `만약~라면` 블록을 연결해요.

❻ 연산 팔레트의 `○<○` 블록을 가져와 첫 번째 칸에는 변수 팔레트의 `목숨` 블록을 가져와 넣고, 두 번째 칸에는 `1` 을 입력해요. 완성된 `목숨 <1` 블록을 `만약~라면` 조건 칸에 넣어줘요.

❼ 목숨이 1보다 작게 되었을 경우 게임오버를 만들어보아요. `만약 목숨 <1 라면` 블록 안에 형태 팔레트의 `으악을 1초 동안 말하기` 블록을 연결해요.

❽ 목숨이 이제 없으므로 '게임 오버'신호를 다른 스프라이트에게 알려주려고 해요. 이벤트 팔레트에서 `게임오버 신호 보내기` 블록을 연결해요.

▶ Step7 **게임이 끝나면 우주선은 숨기자**

❶ 미션이 완료되었을 때 우주선은 움직임을 멈추고 숨기도록 코딩해요. 이벤트 팔레트에서 `미션 완료 신호를 받았을 때` 블록을 연결해요.

❷ 제어 팔레트의 멈추기 모두 블록을 가져와 '모두'를 클릭해서 `멈추기 이 스프라이트에 있는 다른`

스크립트 블록으로 바꾸어요. 우주선이 미션이 완료되면 동작하지 않게 해줘요.

❸ 이제 우주선이 보이지 않도록 형태 팔레트의 숨기기 블록을 연결해요.

❹ 게임오버 신호를 받았을 때 도 ❶~❸과정과 동일하게 우주선이 움직임을 멈추고 숨기도록 코딩해요.

▶ Step8 **우주를 떠돌아 다니는 비행사**

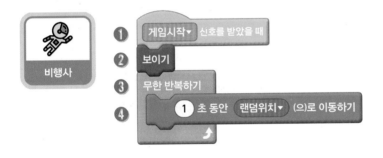

❶ 게임시작 신호를 받으면 비행사가 우주를 떠다녀요. 이벤트 팔레트의 메시지1 신호를 받았을 때 블록을 가져와 게임시작 신호를 받았을 때 블록으로 바꿔요.

❷ 게임이 시작되면 비행사가 나타나도록 형태 팔레트의 보이기 블록을 연결해요.

❸ 계속 비행사가 돌아다니도록 제어 팔레트의 무한 반복하기 블록을 연결해요.

❹ 비행사가 무대 여기저기를 돌아다니도록 동작 팔레트의 1초 동안 랜덤위치로 이동하기 블록을 무한 반복하기 블록 안에 넣어줘요.

▶ Step9 비행사 구출하기

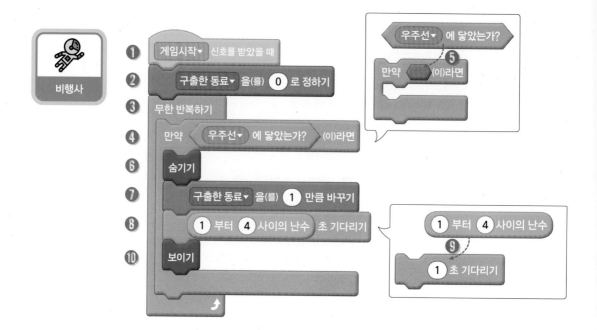

❶ 게임시작 신호를 받으면 비행사가 우주를 떠다녀요. 이벤트 팔레트의 메시지1 신호를 받았을 때 블록을 가져와 메시지1을 클릭하고 게임시작 신호를 받았을 때 블록으로 바꿔요.

❷ 구출한 동료가 몇 명인지 체크하기 위한 변수를 만들어요. 변수 팔레트에서 구출한 동료를 0으로 정하기 블록을 연결해요.

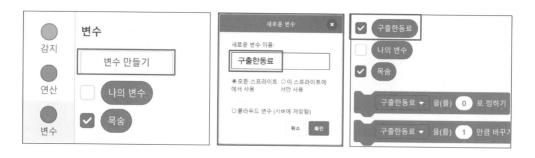

❸ 우주선에 닿게 되어 구출이 되는지 계속 체크하기 위해서 제어 팔레트의 무한 반복하기 블록을 연결해요.

❹ 무한 반복하기 블록 안에 우주선에 닿게 되었는지 조건문을 만들어요. 제어 팔레트의 만약~

라면 블록을 넣어줘요.

❺ 감지 팔레트의 마우스 포인터에 닿았는가 블록을 가져와 우주선에 닿았는가 블록으로 바꿔서 만약~라면 조건 칸에 넣어줘요.

❻ 조건에 만족하게 되면 비행사가 우주선에 탑승한 것으로 표현하기 위해 비행사가 보이지 않도록 형태 팔레트에서 숨기기 블록을 만약 우주선에 닿았는가 라면 블록 안에 넣어줍니다.

❼ 동료를 구출했으므로 구출한 동료 변수에 1을 더해줘요. 변수 팔레트에서 구출한 동료를 1만큼 바꾸기 블록을 연결해요.

❽ 임의의 시간을 기다린 후에 다시 비행사가 나타나도록 제어 팔레트의 ~초 기다리기 블록을 가져와 연결해요.

❾ 연산 팔레트의 1에서 10사이의 난수 블록을 가져와 1에서 4사이의 난수 블록으로 숫자를 수정하고 초 기다리기 안에 넣어줍니다.

❿ 1초에서 4초 사이에 시간이 지나면 다시 비행사가 보이도록 형태 팔레트의 보이기 블록을 연결해요.

▶ Step10 **7명의 비행사를 구출하기**

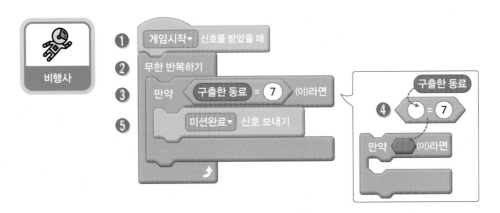

❶ 7명의 비행사를 모두 구출되었는지 확인하는 부분이에요. 이벤트 팔레트의 메시지1 신호를 받았을 때 블록을 가져와 게임시작 신호를 받았을 때 블록으로 바꿔요.

❷ 구출한동료가 7명인지 계속 체크하기 위해 제어 팔레트에서 무한 반복하기 블록을 연결해요.

❸ 제어 팔레트의 만약~라면 블록을 가져와 무한 반복하기 블록 안에 넣어요.

❹ 연산 팔레트의 ○＝○ 블록을 가져와 첫 번째 칸에 변수 팔레트의 구출한 동료 블록을 넣어주고 두 번째 칸에 7 을 입력해요.

참고

게임의 난이도에 따라 구출한동료 수를 조절하세요. 숫자가 커지면 게임이 어려워지고 숫자가 작으면 게임이 쉬워져요.

❺ 구출한동료가 7명이면 미션완료 신호를 보내요. 만약 구출한 동료 ＝ 7 라면 블록 안에 이벤트 팔레트의 미션완료 신호 보내기 블록을 넣어요.

▶ Step11 **게임이 끝나면 비행사는 숨기자**

 ①

❶ **Step7** 우주선의 ❶~❸의 과정과 동일해요. 미션이 완료되었을 때 비행사는 움직임을 멈추고 보이지 않도록 코딩해요.

②

❷ 게임오버 신호를 받았을 때 도 동일하게 비행사가 움직임을 멈추고 보이지 않도록 코딩해요.

▶ Step12 **우주선을 공격하는 외계인을 만들어요**

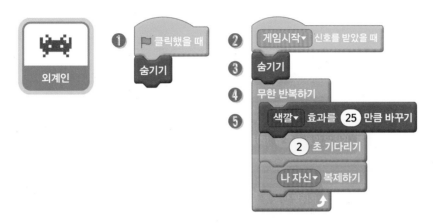

❶ 프로젝트가 시작할 때는 외계인은 보이지 않아요. 이벤트 팔레트의 `클릭했을 때` 블록과 형태 팔레트의 `숨기기` 블록을 연결해요.

❷ 게임시작 신호로 외계인이 나타나게 코딩해요. 이벤트 팔레트의 `게임시작 신호를 받았을 때` 블록을 가져와요.

❸ 외계인 스프라이트 하나로 여러 외계인을 만들어보아요. 원본 스프라이트는 보이지 않게 형태 팔레트의 `숨기기` 블록을 연결해요.

❹ 외계인이 계속 복제되도록 제어 팔레트의 `무한 반복하기` 블록을 연결해요.

❺ 다양한 색깔의 외계인이 나타나도록 형태 팔레트의 `색깔 효과를 25만큼 바꾸기` 를 `무한 반복하기` 블록 안에 넣어줘요. 2초마다 외계인이 복제되도록 제어 팔레트의 `2초 기다리기` 블록과 제어 팔레트의 `나자신 복제하기` 블록을 연결해요.

▶ Step13 **외계인이 우주선을 방해해요**

❶ 복제된 외계인은 오른쪽에서 나타나 왼쪽까지 이동해요. 제어 팔레트의 `복제되었을 때` 블록을 가져와요.

❷ 원본 외계인이 현재 숨기기 상태이므로 복제된 외계인도 보이지 않아요. 복제가 되면 나타나도록 형태 팔레트의 `보이기` 블록을 연결해요.

❸ 복제된 외계인은 오른쪽 끝에서 나타나도록 동작 팔레트의 `x:○ y:○ 으로 이동하기` 블록을 연결하고 x좌표칸에 `240` 으로 바꿔줍니다.

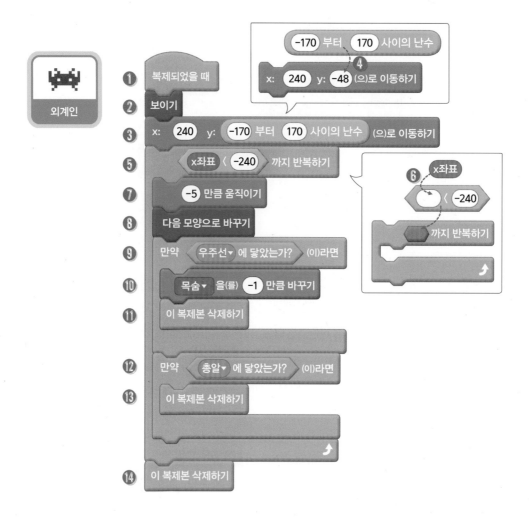

❹ y좌표는 연산 팔레트의 1에서 10사이의 난수 블록을 가져와 <mark>-170부터 170 사이의 난수</mark> 블록
으로 바꿔서 y좌표칸에 넣어줘요.

❺ 복제된 외계인이 왼쪽 끝까지 움직일 수 있도록 제어 팔레트의 <mark>~까지 반복하기</mark> 블록을 가져와요.

❻ 연산 팔레트의 <mark>○〈○</mark> 블록을 가져와 첫 번째 칸에는 동작 팔레트의 <mark>x좌표</mark> 블록을 연결하고
두 번째 칸에는 왼쪽 끝 위치인 <mark>-240</mark> 을 입력해요. 완성된 블록을 <mark>~까지 반복하기</mark> 블록의 조
건 칸에 넣어줘요.

외계인 스프라이트의 코드에서 **x좌표 〈-240 까지 반복하기** 블록 안에는 3가지 일을 해요.
❶ 왼쪽으로 조금씩 이동하며 모양을 바꾸는 일 ❷ 우주선에 닿았는지 체크하는 일 ❸ 총알에 닿았는지 체크하는 일

❼ 외계인은 왼쪽방향으로 조금씩 움직여요. 동작 팔레트에서 -5만큼 움직이기 블록을 가져와 ~까지 반복하기 블록 안에 넣어줘요.

❽ 형태 팔레트의 다음 모양으로 바꾸기 블록을 연결해요. 움직일 때마다 다른 모양으로 바뀌어요.

❾ 우주선에 닿았는지 체크해보아요. 제어 팔레트의 만약~라면 블록을 가져와 ~까지 반복하기 블록 안에 넣어줘요. 조건 칸에는 감지 팔레트의 마우스 포인터에 닿았는가 블록을 가져와 우주선에 닿았는가 블록으로 바꿔줘요.

❿ 외계인이 우주선에 닿게 되면 목숨이 줄어들게 해요. 만약 우주선에 닿았는가 라면 블록 안에 변수 팔레트의 목숨을 -1만큼 바꾸기 블록을 넣어줘요.

⓫ 우주선과 부딪힌 외계인은 삭제해줘요. 제어 팔레트의 이 복제본 삭제하기 블록을 연결해요.

⓬ 이번에는 외계인이 우주선이 발사하는 총알에 맞았을 때를 코딩해요. 제어 팔레트의 만약~라면 블록을 가져오고 조건 칸에는 감지 팔레트의 총알에 닿았는가 블록을 연결해요.

⓭ 총알에 맞은 외계인은 삭제해요. 제어 팔레트의 이 복제본 삭제하기 블록을 만약 총알에 닿았는가 라면 블록 안에 넣어줘요.

⓮ 외계인이 계속 움직여서 왼쪽 끝까지 왔다면 그 외계인은 삭제하도록 코딩해요. x좌표 < -240 까지 반복하기 블록이 끝난 다음 위치에 제어 팔레트의 이 복제본 삭제하기 블록을 연결해요.

▶ Step14 **게임이 끝나면 외계인도 멈춰요**

❶ **Step7** 우주선의 ❶~❸의 과정과 동일해요. 미션완료 신호를 받았을 때 외계인은 움직임을 멈추고 보이지 않도록 코딩해요.

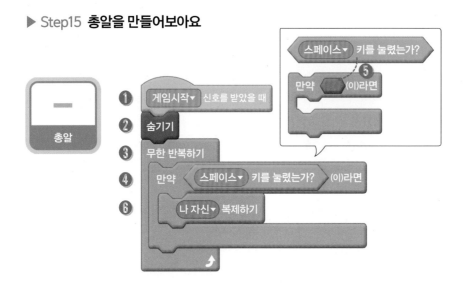

② 게임오버▼ 신호를 받았을 때

❷ **게임오버 신호를 받았을 때** 도 동일하게 외계인이 움직임을 멈추고 보이지 않도록 코딩해요.

▶ Step15 **총알을 만들어보아요**

❶ 게임시작 신호를 받으면 총알은 숨은 상태에서 준비해요. 이벤트 팔레트의 메시지1 신호를 받
았을 때 블록을 가져와 게임시작 신호를 받았을 때 블록으로 바꿔요.

❷ 형태 팔레트의 숨기기 블록을 연결해요.

❸ 스페이스 키가 눌렸는지 계속 체크하기 위해서 제어 팔레트의 무한 반복하기 블록을 연결해줘요.

❹ 제어 팔레트의 만약~라면 블록을 무한 반복하기 블록 안에 넣어줘요.

❺ 만약~라면 블록의 조건 칸에 감지 팔레트의 스페이스 키를 눌렀는가 블록을 넣어줘요.

❻ 스페이스 키를 누르게 되었을 때 총알이 나타나도록 제어 팔레트의 나자신 복제하기 블록을
만약 스페이스 키를 눌렀는가 라면 블록 안에 넣어줘요.

▶ Step16 **총알을 여러 개 만들어요**

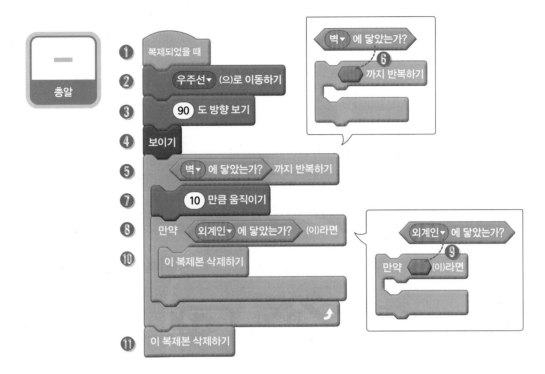

❶ 복제된 총알이 움직이도록 코딩해요. 제어 팔레트의 복제되었을 때 블록을 가져와요.

❷ 총알이 우주선의 위치에서 출발하도록 동작 팔레트의 무작위 위치로 이동하기 블록을 가져와 '무작위 위치'를 클릭하여 우주선으로 이동하기 블록으로 바꿔서 연결해줘요.

❸ 총알은 오른쪽방향으로 나아가도록 동작 팔레트의 90도 방향보기 블록을 연결해줘요.

❹ 원본처럼 복제된 총알은 아직 보이지 않아요. 총알의 방향과 위치가 정해졌으니 보이도록 코딩해요. 형태 팔레트의 보이기 블록을 연결해요.

❺ 총알은 계속 앞으로 무대의 끝, 오른쪽 벽에 닿았을 때까지 나아가야 해요. 제어 팔레트의 ~까지 반복하기 블록을 가져와요.

❻ 감지 팔레트의 마우스 포인터에 닿았는가 블록을 가져와 '마우스 포인터'를 클릭하여 벽에 닿았는가 으로 바꾸고 ~까지 반복하기 의 조건 칸에 넣어줘요.

❼ 벽에 닿을 때까지 총알은 앞으로 계속 나가요. 동작 팔레트의 10만큼 움직이기 블록을 벽에 닿았는가 까지 반복하기 안에 넣어줘요.

❽ 외계인을 맞혔는지 알아보기 위해 제어 팔레트의 만약~라면 블록을 넣어줘요.

❾ 감지 팔레트의 마우스 포인터에 닿았는가 블록을 가져와 '마우스 포인터'를 클릭하여 외계인에 닿았는가 블록으로 바꾸고 만약~라면 조건 칸에 넣어줘요.

❿ 총알이 앞으로 나가다가 외계인에게 닿으면 이 총알은 삭제해요. 만약 외계인에 닿았는가 라면 블록 안에 제어 팔레트의 이 복제본 삭제하기 블록을 넣어줘요.

⓫ 총알이 외계인에게 닿지도 않고 계속 나아가서 오른쪽 벽에 닿게 되었다면 총알을 삭제해줘요. 벽에 닿았는가 까지 반복하기 블록이 끝난 뒤에 제어 팔레트의 이 복제본 삭제하기 를 연결해줘요.

⓬ 게임오버 신호를 받았을 때 이 총알이 움직이는 코드를 멈추게 하고 숨겨줍니다. **Step7** 우주선의 ❶~❸의 과정과 동일해요.

⓭ 미션완료 신호를 받았을 때 이 총알이 움직이는 코드를 멈추게 하고 숨겨줍니다. **Step7** 우주선의 ❶~❸의 과정과 동일해요.

▶ Step17 **타이틀을 만들어보아요**

▶ **타이틀의 모양**

타이틀	미션완료	게임오버
Space Adventure	Mission Clear	GameOver

❶ 프로젝트가 시작되면 타이틀 모양이 보이도록 해요. 이벤트 팔레트의 ▶클릭했을 때 블록을 가져와요.

❷ 형태 팔레트의 보이기 블록을 연결해요.

❸ 형태 팔레트의 모양을 타이틀로 바꾸기 블록을 연결해요.

❹ 이벤트 팔레트의 메시지1 신호를 받았을 때 블록을 가져와 '메시지1'을 클릭하여 게임시작 신호를 받았을 때 블록으로 바꿔줘요.

❺ 게임이 시작되면 타이틀은 숨기도록 형태 팔레트에서 숨기기 블록을 연결해요.

❻ 이벤트 팔레트의 메시지1 신호를 받았을 때 블록을 가져와 '메시지1'을 클릭하여 게임오버 신호를 받았을 때 블록으로 바꿔줘요.

❼ 게임오버 모양이 보이도록 형태 팔레트에서 모양을 게임오버로 바꾸기 블록을 연결해요.

❽ 형태 팔레트의 보이기 블록을 연결해요.

❾ 이벤트 팔레트의 메시지1 신호를 받았을 때 블록을 가져와 '메시지1'을 클릭하여 미션완료 신호를 받았을 때 블록으로 바꿔줘요.

❿ 미션완료 모양이 보이도록 형태 팔레트에서 모양을 미션완료로 바꾸기 블록을 연결해요.

⓫ 형태 팔레트의 보이기 블록을 연결해요.

▶ Step18 **시간이 지나면 연료가 떨어져요**

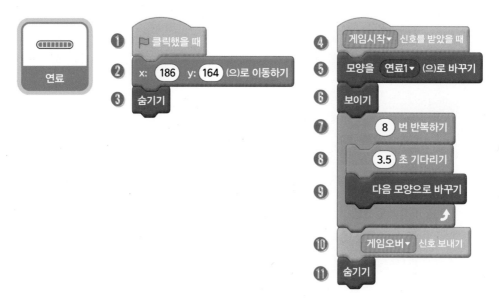

❶ 이벤트 팔레트의 ▶️ 클릭했을 때 블록을 가져와요.

❷ 연료가 무대의 오른쪽 위에 나타나도록 위치를 지정해 줘요. 동작 팔레트의 x:○ y:○ 으로 이동하기 블록을 연결하고 x: 186 y: 164 으로 이동하기 블록으로 바꿔요.

❸ 프로젝트가 시작할 때는 연료가 보이지 않도록 형태 팔레트의 숨기기 블록을 연결해요.

❹ 게임이 시작되면 연료를 보이고 시간이 흐르면 연료가 줄어들어요. 이벤트 팔레트의 메시지1 신호를 받았을 때 블록을 가져와서 '메시지1'을 클릭하여 게임시작 신호를 받았을 때 블록으로 바꿔요.

❺ 연료의 모양이 처음에는 가득 찬 모양으로 시작해요. 형태 팔레트의 모양을 연료1로 바꾸기 블록을 연결해요.

❻ 가득 찬 연료모양으로 무대에 보이도록 형태 팔레트의 보이기 블록을 연결해요.

❼ 연료는 9가지 모양으로 점점 눈금이 줄어들어요. 첫 번째는 가득 찬 모양으로 보이고 8번을 반복하면서 모양을 바꾸기해요. 제어 팔레트의 ~번 반복하기 블록을 연결하고 8번 반복하기 블록으로 바꿔요.

❽ 현재 연료모양을 3.5초간 보여주기 위해 제어 팔레트의 3.5초 기다리기 를 8번 반복하기 블록 안에 넣어줘요.

참고

3.5초에서 시간을 더 늘리면 연료가 줄어드는 시간이 늘어나요. 반대로 시간을 줄이게 되면 연료는 그만큼 빨리 줄어들어
게임이 어려워지겠지요.

❾ 형태 팔레트의 다음 모양으로 바꾸기 블록을 연결해요. 연료가 한 칸씩 줄어든 모양으로 바뀌게 되요.

❿ 8번 반복이 끝난 뒤에 연료의 모양은 연료가 없는 모양으로 바뀌게 됩니다. 이벤트 팔레트의
메시지1 신호 보내기 블록을 가져와 '메시지1'을 클릭하여 게임오버 신호 보내기 블록으로 바꾸어요.

⓫ 연료는 더 이상 보이지 않도록 형태 팔레트의 숨기기 블록을 연결해요.

⓬ 게임오버 신호를 받았을 때 연료가 줄어드는 코드를 멈추게 하고 숨겨줍니다. **Step7** 우주선의
❶~❸의 과정과 동일해요.

⓭ 게임오버 신호를 받았을 때 연료가 줄어드는 코드를 멈추게 하고 숨겨줍니다. **Step7** 우주선의
❶~❸의 과정과 동일해요.

+ 융합 지식 정보(음악+과학) +

여러분은 스트레스를 없애기 위해 어떻게 하세요? 잠을 자거나, 운동을 하거나, 친구와 수다를 떨고 맛있는 음식을 먹는 등 다양한 방법이 있겠지만, 음악을 듣는 것도 마음의 안정을 얻는 데 도움이 됩니다. 우주 여행을 하는 동안 우주 비행사의 스트레스를 줄이는 데도 음악이 긍정적인 영향을 주는 것으로 확인이 되었어요. 우주에서는 수면 장애, 시간 인식 장애, 공간 지향성 저하를 받는다고 해요. 유럽우주국 연구진은 사람의 기분에 영향을 주는 음악은 긴장을 풀어주고, 불안을 줄이고 감정에 영향을 줘서 치료에도 도움이 된다고 하네요.

우주배경1

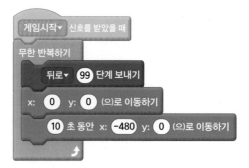

게임시작▼ 신호를 받았을 때

무한 반복하기
뒤로▼ 99 단계 보내기
x: 0 y: 0 (으)로 이동하기
10 초 동안 x: -480 y: 0 (으)로 이동하기

우주배경2

게임시작▼ 신호를 받았을 때

무한 반복하기
뒤로▼ 99 단계 보내기
x: 480 y: 0 (으)로 이동하기
10 초 동안 x: 0 y: 0 (으)로 이동하기

start

시작버튼

클릭했을 때
보이기

미션완료▼ 신호를 받았을 때
보이기

이 스프라이트를 클릭했을 때
게임시작▼ 신호 보내기
숨기기

게임오버▼ 신호를 받았을 때
보이기

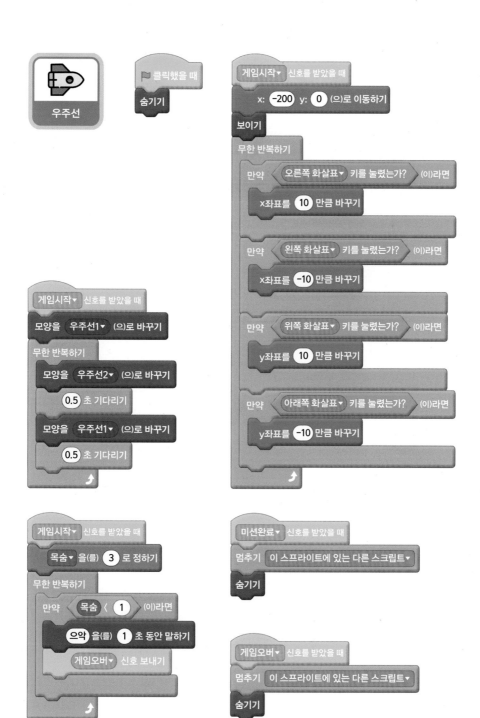

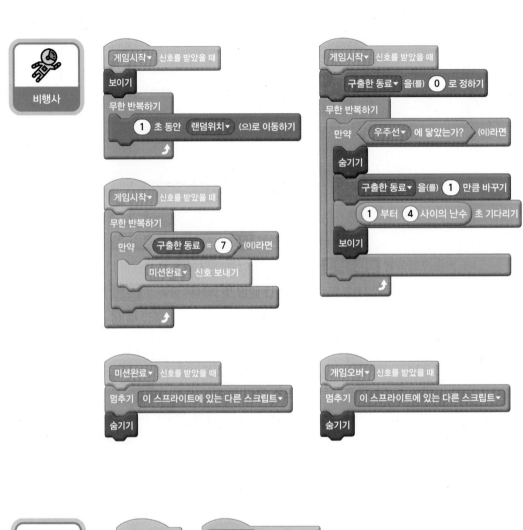

비행사

게임시작▼ 신호를 받았을 때
보이기
무한 반복하기
  1 초 동안 랜덤위치▼ (으)로 이동하기

게임시작▼ 신호를 받았을 때
무한 반복하기
  만약 구출한 동료 = 7 (이)라면
    미션완료▼ 신호 보내기

게임시작▼ 신호를 받았을 때
구출한 동료▼ 을(를) 0 로 정하기
무한 반복하기
  만약 우주선▼ 에 닿았는가? (이)라면
    숨기기
    구출한 동료▼ 을(를) 1 만큼 바꾸기
    1 부터 4 사이의 난수 초 기다리기
    보이기

미션완료▼ 신호를 받았을 때
멈추기 이 스프라이트에 있는 다른 스크립트▼
숨기기

게임오버▼ 신호를 받았을 때
멈추기 이 스프라이트에 있는 다른 스크립트▼
숨기기

외계인

클릭했을 때
숨기기

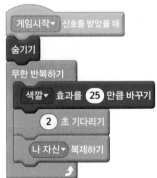

게임시작▼ 신호를 받았을 때
숨기기
무한 반복하기
  색깔▼ 효과를 25 만큼 바꾸기
  2 초 기다리기
  나 자신▼ 복제하기

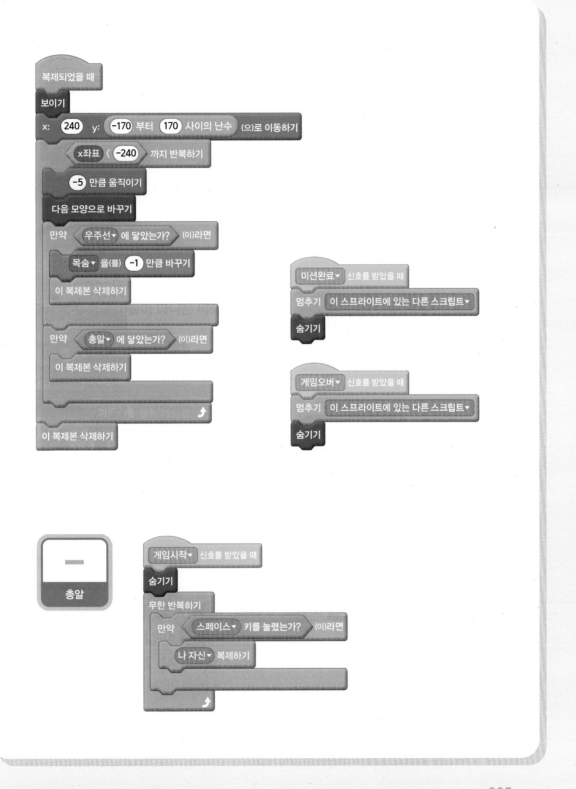

연료

🏁 클릭했을 때

x: 186 y: 164 (으)로 이동하기

숨기기

게임시작▼ 신호를 받았을 때

모양을 연료1▼ (으)로 바꾸기

보이기

8 번 반복하기

3.5 초 기다리기

다음 모양으로 바꾸기

게임오버▼ 신호 보내기

숨기기

게임오버▼ 신호를 받았을 때

멈추기 이 스프라이트에 있는 다른 스크립트▼

숨기기

미션완료▼ 신호를 받았을 때

멈추기 이 스프라이트에 있는 다른 스크립트▼

숨기기

★꿀마법★

게임에서 효과음은 재미를 더해 주는 요소에요. 총알이 발사되거나 우주선이 적에게 부딪혔을때 효과음이
나도록 코딩해보아요.

▶ Step1 **외계인과 우주선이 충돌하면 효과음을 내보아요**

외계인

❶ 외계인 스프라이트에 소리를 추가하려고 해요. 외
계인 스프라이트를 클릭하고 소리탭을 선택해요.

❷ 소리고르기 버튼을 클릭해요.

❸ 효과 카테고리를 눌러서 ❹ 효과음을 선택해요.

❺ 효과음이 추가된 것을 확인 후 ❻ 코드탭으로 다시
돌아가요.

❼ 소리 팔레트의 `Crunch재생하기` 블록을 가져와 외
계인이 우주선과 닿은 시점에 넣어줘요.

▶ Step2 총알에도 효과음을 내어보아요

총알 스프라이트를 클릭하고 **Step1**처럼 소리탭에서 소리를 고르고 다시 코딩탭으로 돌아와요.

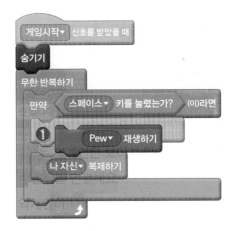

❶ 소리가 나야 하는 시점은 총알이 스페이스 키를 눌러서 발사가 되려고 하는 순간이에요. 소리 팔레트의 Pew재생하기 블록을 만약 스페이스 키를 눌렀는가 라면 블록 안에 넣어줘요.

내가 선택한 효과음에 따라 Pew가 아닌 다른 이름으로 표시되니 자신이 선택한 [효과음이름] 재생하기 블록을 넣어요.

14 스마트룸, 인공지능 스피커야 내 방을 꾸며줘

전 세계인이 관심을 갖는 분야인 인공지능(AI, artificial intelligence)은 컴퓨터가 인간의 지능적인 행동을 모방할 수 있도록 하는 것을 말해요. 인간 대신 뭐든 척척 알아서 해줄 수 있는 인공지능을 이용해서, 나만의 방을 내 맘대로 꾸며보고 싶지 않나요? 코딩에서는 내가 원하는 모든 걸 실현해 볼 수 있어요.

❶ 이번 미션은 뭘까?

미래에 내가 꿈꾸던 나의 방은 어떤 모습일까? 나만의 인공지능 스피커를 이용해서 편리한 나의 방을 만들어보아요.

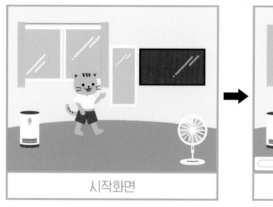

시작화면

실행화면

미리보기

❷ 어떻게 해결할 수 있을까?

화살표 키보드로
고양이를 움직인다.

고양이가 선풍기에게
다가가면 선풍기가 돌아간다

고양이가 스마트미러에
다가가면 옷을 추천해준다.

| 스페이스 키를 누르면 인공지능 스피커에게 명령을 내릴 수 있다. | 명령으로 TV를 켜고, 끌수 있다. 일정신호를 받으면 일정을 알려준다. | 도둑이 침입했다가 잡힌다. |

| 신호에 따라 창문열기, 창문닫기를 한다. | 휴지가 바닥에 흩어져 있다. | 청소 신호를 받으면 바닥을 청소한다. |

❸ 우리에게 필요한 마법 블록

▶ TTS – 글자가 말을 한다고???

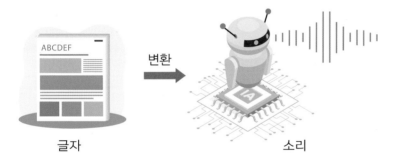

글자   변환   소리

TTS는 Text to Speech의 약자로, 글을 읽어주는 기능을 말해요.

▶ TTS기능 추가하기

팔레트	블록	기능설명
 Text to Speech	안녕 말하기	입력된 글자를 음성으로 재생해요.
	음성을 중고음▾ 로 정하기	음성을 중고음, 중저음, 고음, 저음, 고양이로 선택할 수 있어요.
	언어를 한국어▾ 로 정하기	다양한 나라의 언어로 정할 수 있어요.

▶ 정보 입력하기

컴퓨터에게 정보를 전달할 때 사용하는 블록이에요.

팔레트	블록	기능설명
감지	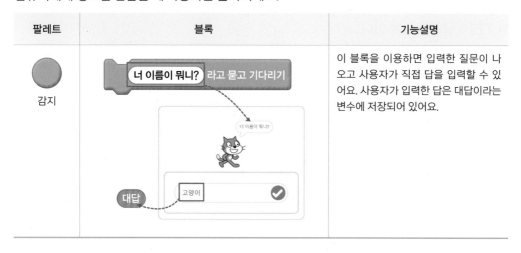	이 블록을 이용하면 입력한 질문이 나오고 사용자가 직접 답을 입력할 수 있어요. 사용자가 입력한 답은 대답이라는 변수에 저장되어 있어요.

❹ 코딩해보자

▶ 재료 준비하기

[파일]메뉴에서 Load from your computer를 클릭하여 14_스마트룸_예제.sb3 파일을 불러와요.

14_스마트룸_예제.sb3

스프라이트

선풍기날개 | 인공지능 | 창문 | TV

도둑 | 청소기 | 스마트미러 | 휴지

고양이 | 선풍기

배경

▶ Step1 **키보드로 고양이가 방안을 돌아다녀 볼까요?**

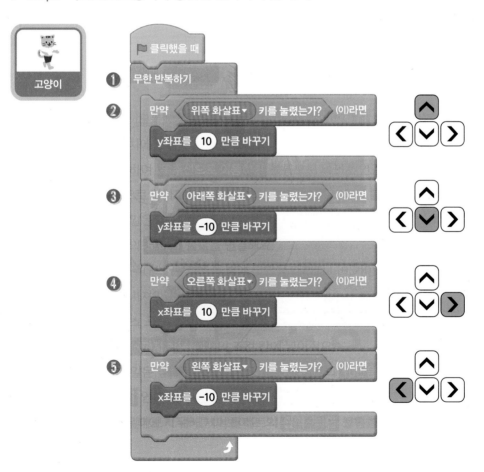

고양이

▶ 클릭했을 때

❶ 무한 반복하기

❷ 만약 〈 위쪽 화살표▾ 키를 눌렀는가? 〉(이)라면

　　y좌표를 10 만큼 바꾸기

❸ 만약 〈 아래쪽 화살표▾ 키를 눌렀는가? 〉(이)라면

　　y좌표를 -10 만큼 바꾸기

❹ 만약 〈 오른쪽 화살표▾ 키를 눌렀는가? 〉(이)라면

　　x좌표를 10 만큼 바꾸기

❺ 만약 〈 왼쪽 화살표▾ 키를 눌렀는가? 〉(이)라면

　　x좌표를 -10 만큼 바꾸기

❶ 프로젝트가 시작되면 키보드의 키가 눌러졌는지 계속 체크해요. 이벤트 팔레트의 ⚑클릭했을 때 블록과 제어 팔레트의 무한 반복하기 블록을 연결해요.

❷ 위쪽 방향키를 누르면 위쪽으로 이동해요. 제어 팔레트의 만약~라면 블록을 가져와요. 감지 팔레트의 스페이스 키를 눌렀는가 블록을 가져와서 조건 칸에 넣어요. '스페이스' 글자를 클릭해서 위쪽 화살표로 선택해서 만약 위쪽 화살표 키를 눌렀는가 라면 블록으로 만들어요. 이 블록 안에 고양이가 위쪽으로 이동할 수 있도록 동작 팔레트의 y좌표를 10만큼 바꾸기 블록을 연결해요.

❸ 아래쪽 방향키를 눌렀을 때는 아래쪽으로 이동해요. 제어 팔레트의 만약~라면 블록을 가져와 조건 칸에 감지 팔레트의 아래쪽 화살표 키를 눌렀는가 블록을 연결하고 완성된 블록 안에 고양이가 아래로 이동할 수 있도록 동작 팔레트의 y좌표를 -10만큼 바꾸기 블록을 연결해요.

❹ 오른쪽 화살표 키를 눌렀을 때 고양이가 오른쪽으로 이동하도록 코딩해요. ❷방법을 참고해요. 오른쪽 화살표 키 로 선택하고, 동작 팔레트의 x좌표를 10만큼 바꾸기 블록을 연결해요.

❺ 왼쪽 화살표 키를 눌렀을 때 고양이가 왼쪽으로 이동하도록 코딩해요. ❷방법을 참고해요. 왼쪽 화살표 키 로 선택하고, 동작 팔레트의 x좌표를 -10만큼 바꾸기 블록을 연결해요.

▶ Step2 **선풍기에 가까이 가면 시원한 바람이 불어요**

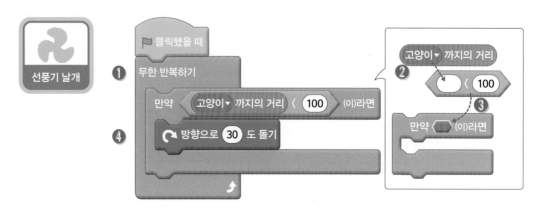

❶ 프로젝트가 시작되면 고양이가 선풍기 날개와 거리가 가까운지 계속 체크해요. 이벤트 팔레트의 ⚑클릭했을 때 블록과 제어 팔레트의 무한 반복하기 블록을 연결해요.

❷ 고양이와의 거리가 가까운지 체크해요. 감지 팔레트의 마우스 포인터 까지의 거리 블록을 가

져와 고양이까지의 거리 블록으로 바꿔요. 연산 팔레트의 ○<○ 블록을 가져와 고양이까지의 거리 <100 블록으로 만들어요.

❸ 완성된 고양이까지의 거리 <100 블록을 제어 팔레트의 만약~라면 블록의 조건 칸에 끼워줍니다. 연결된 블록을 무한 반복하기 블록 안에 넣어요.

❹ 고양이와의 거리가 100보다 작다면 선풍기 날개가 돌아가도록 코딩해보아요. 선풍기 날개가 회전하도록 동작 팔레트의 오른쪽 방향으로 30도 돌기 블록을 연결해요.

▶ Step3 **나만의 인공지능 스피커를 만들어요**

사용자가 입력한 명령에 따라서 인공지능 스피커가 각 스프라이트에게 신호를 보내도록 코딩해보아요.

명령어	창문열기	창문닫기	TV켜	TV꺼	청소	일정
동작						

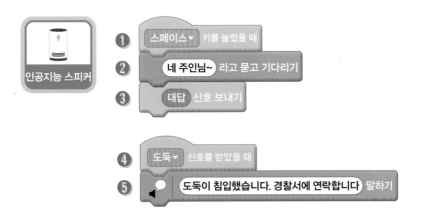

❶ 스페이스 키를 누르면 인공지능 스피커가 나의 명령을 들을 준비를 해요. 이벤트 팔레트의 스페이스 키를 눌렀을 때 블록을 가져와요.

❷ 감지 팔레트의 묻고 기다리기 블록을 가져와 네 주인님~ 라고 묻고 기다리기 블록으로 바꾸고 연결해요.

❸ 이벤트 팔레트의 `메시지1 신호 보내기` 블록을 가져와요. '메시지1'칸에 감지 팔레트의 `대답` 블록을 연결해요.

❹ 인공지능스피커에게 도둑신호를 받게 되면 음성으로 알릴 수 있게 코딩해요. 이벤트 팔레트의 메시지1 신호를 받았을 때 블록을 가져와요. 새로운 메시지 이름으로 '도둑'을 입력하고 확인을 눌러서 `도둑 신호를 받았을 때` 블록을 만들어요.

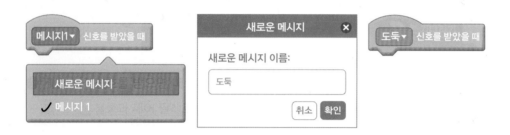

❺ Text to Speech 팔레트의 안녕 말하기 블록을 연결해줘요. '안녕' 글자영역에 `도둑이 침입했습니다 경찰서에 연락합니다` 말하기 블록으로 바꿔줘요.

 참 고

Text to Speech 팔레트가 보이지 않는다면 **TTS 기능 추가하기**를 참고하여 확장 블록을 추가해요(231쪽)

▶ Step4 **창문을 조종해요**

❶ 프로그램이 실행되면 처음에는 닫힌 모양의 창문으로 시작하기로 해요. 이벤트 팔레트의

클릭했을 때 블록과 형태 팔레트의 모양을 창문2로 바꾸기 블록을 연결해요.

❷ 인공지능 스피커로부터 창문열기 신호를 받으면 창문을 열어보아요. 이벤트 팔레트의 메시지 1 신호를 받았을 때 블록을 가져와 창문열기 신호를 받았을 때 블록으로 만들고 형태 팔레트의 모양을 창문1로 바꾸기 블록을 연결해요.

❸ 인공지능 스피커로부터 창문닫기 신호를 받으면 창문을 닫아요. 이벤트 팔레트의 메시지1 신호를 받았을 때 블록을 가져와 창문닫기 신호를 받았을 때 블록으로 만들고, 형태 팔레트의 모양을 창문2로 바꾸기 블록을 연결해요.

▶ Step5 **TV도 켜보고, 일정도 알려줘요**

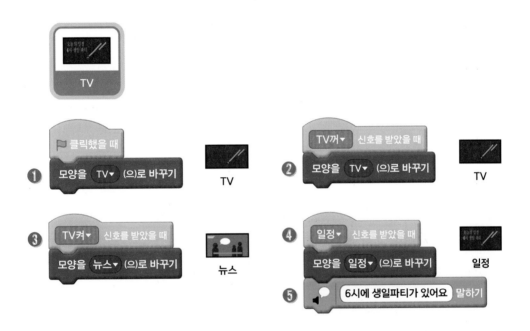

❶ 프로그램이 실행되면 꺼져있는 TV모양으로 설정해요. 이벤트 팔레트의 클릭했을 때 블록과 형태 팔레트의 모양을 TV로 바꾸기 블록을 연결해요.

❷ 인공지능 스피커로부터 'TV꺼' 신호를 받으면 TV가 꺼진 모양으로 만들어요. 이벤트 팔레트의 메시지1 신호를 받았을 때 블록을 가져와 TV꺼 신호를 받았을 때 블록으로 만들고, 형태 팔레트의 모양을 TV로 바꾸기 블록을 연결해요.

❸ 인공지능 스피커로부터 'TV켜' 신호를 받으면 TV가 켜진 모양으로 만들어요. 이벤트 팔레트의 메시지1 신호를 받았을 때 블록을 가져와 TV켜 신호를 받았을 때 블록으로 바꾸고 형태 팔레트의 모양을 뉴스로 바꾸기 블록을 연결해요.

❹ 인공지능 스피커로부터 일정 신호를 받으면 일정을 알려줘요. 이벤트 팔레트의 메시지1 신호를 받았을 때 블록을 가져와 일정 신호를 받았을 때 블록으로 만들고 형태 팔레트의 모양을 일정 바꾸기 블록을 연결해요.

❺ Text to Speech 팔레트에서 안녕 말하기 블록을 연결하고 '안녕'글자 대신에 '6시에 생일파티가 있어요' 말하기 블록으로 바꿔요.

▶ Step6 **청소기가 방을 깨끗하게 치워요**

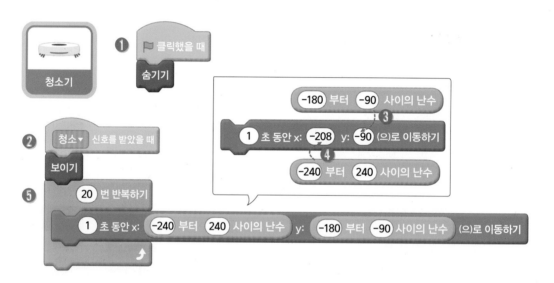

❶ 프로그램이 실행되면 청소기가 보이지 않은 상태에서 시작해요. 이벤트 팔레트의 ⚑ 클릭했을 때 블록과 형태 팔레트의 숨기기 블록을 연결해요.

❷ 인공지능 스피커로부터 '청소' 신호를 받으면 청소기가 나타나요. 이벤트 팔레트의 메시지1 신호를 받았을 때 블록을 청소 신호를 받았을 때 블록으로 만들고, 형태 팔레트의 보이기 블록을 연결해요.

❸❹ 청소기가 여기저기 돌아다니도록 코딩을 해보아요. 동작 팔레트의 1초 동안 x: ○ y: ○으로

이동하기 블록을 가져와서 연산 팔레트에서 ○부터○사이의 난수 블록을 x와 y 영역에 각각 하나씩 끼워줍니다. x칸에 들어가는 난수 블록은 -240 부터 240 사이의 난수 , y칸에는 -180 부터 -90 사이의 난수 로 바꿔요.

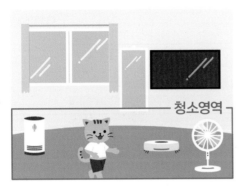

청소기는 방 바닥 영역만 돌아다니도록 **y좌표**를 난수블록을 이용해서 **-180에서 -90 사이의 난수**로 정해요.

❺ 청소기가 방안을 이리저리 20회정도 돌아다니도록 코딩해보아요. 제어 팔레트의 10번 반복하기 블록을 가져와 20번 반복하기 블록으로 바꿔요. ❹에서 완성된 1초 동안 x: -240 부터 240 사이의 난수 y: -180 부터 -90 사이의 난수 로 이동하기 블록을 20번 반복하기 블록 안에 넣어 줘요.

▶ Step7 **오늘 뭐 입을까? 옷을 추천해줘!**

❶ 프로젝트가 시작되면 스마트미러가 거울모양으로 보여요. 이벤트 팔레트의 ⚑ 클릭했을 때 블록과 형태 팔레트의 모양을 스마트미러1로 바꾸기 블록을 연결해요.

❷ 고양이가 거울 앞에 있는지 아닌지를 계속 체크해야 해요. 제어 팔레트의 무한 반복하기 블록을 가져와요.

❸ 스마트미러는 고양이가 닿을 때까지 계속 기다려요. 제어 팔레트의 ~까지 기다리기 블록 안에 감지 팔레트의 마우스 포인터에 닿았는가 블록을 넣고 '마우스 포인터'를 클릭하여 고양이에 닿았는가 블록으로 바꿔요. 완성된 블록은 고양이가 닿게 되었을 때까지 기다렸다가 다음 블록을 실행하게 되요.

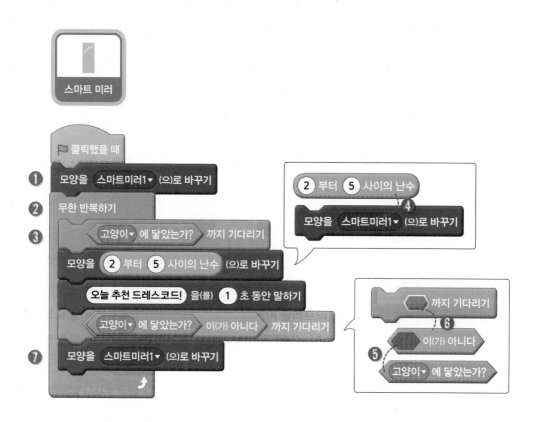

❹ 스마트미러가 가지고 있는 모양 2번에서 5번 중에 임의로 하나 골라서 보여주기로 해요. 연산 팔레트에서 ○부터○사이의 난수 블록을 가져와 `2부터 5사이의 난수` 블록으로 바꾸고 형태 팔레트의 `모양을 스마트미러5로 바꾸기` 블록의 '스마트미러5' 부분에 끼워줘요. 형태 팔레트의 안녕을 1초 동안 말하기 블록을 `오늘 추천 드레스코드!를 1초 동안 말하기` 로 바꿔줘요.

스마트미러가 가지고 있는 모양은 아래처럼 5가지예요. 2부터 5사이의 난수 블록을 사용하면 모양1번을 제외하고 옷이 보여지는 모양 2번에서 5번까지 중 컴퓨터가 임의로 고르게 됩니다.

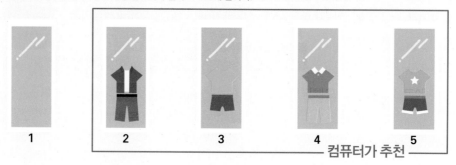

❺ 고양이가 스마트미러를 벗어나기까지 기다려줍니다. 감지 팔레트의 `고양이에 닿았는가` 블록을 연산 팔레트의 `~아니다` 블록 안에 넣어줘요.

❻ 제어 팔레트의 `~까지 기다리기` 블록 안에 ❺에서 만들어진 `고양이에 닿았는가 가 아니다` 블록을 넣어줘요.

❼ 이제 고양이가 스마트미러를 벗어났으므로 그냥 거울모양으로 바꿔줘요. 형태 팔레트의 `모양을 스마트미러1로 바꾸기` 블록을 연결해요.

▶ Step8 **휴지가 여기저기!**

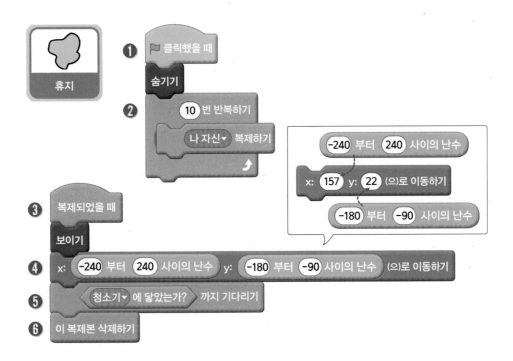

❶ 휴지는 하나의 스프라이트로 여러 개 휴지를 만들려고 해요. 원본 스프라이트는 숨기고 복제본이 보이도록 코딩해요. 이벤트 팔레트의 `클릭했을 때` 블록과 형태 팔레트의 `숨기기` 블록을 연결해요.

❷ 하나의 휴지를 가지고 10개의 휴지로 만들어보아요. 제어 팔레트의 `10번 반복하기` 블록을 가져와요. 그 안에 제어 팔레트의 `나자신 복제하기` 블록을 끼워줍니다.

❸ 복제된 휴지 스프라이트는 바닥 여기저기 흩어져 있도록 코딩해요. 제어 팔레트의 `복제되었을 때` 블록을 가져옵니다. 그 아래에 형태 팔레트의 `보이기` 블록을 연결해요.

❹ 동작 팔레트의 `x: ○ y: ○으로 이동하기` 블록을 가져와요. 연산 팔레트에서 `○부터 ○사이의 난수` 블록을 x와 y 영역에 각각 하나씩 끼워줘요. x칸에 들어가는 난수 블록은 `-240 부터 240 사이의 난수`, y칸에는 `-180 부터 -90 사이의 난수`로 바꿔줘요. 이제 휴지가 바닥에 여기저기 흩어지게 되었어요.

❺ 휴지는 청소기에 닿게 되면 사라지게 코딩해요. 제어 팔레트의 `~까지 기다리기` 블록 안에 감지 팔레트의 마우스 포인터에 닿았는가 블록을 가져와 연결하고 `청소기에 닿았는가` 블록으로 바꿔요. 청소기에 닿게 되었을 때 다음 블록이 실행되요.

❻ 휴지가 청소기에 닿은 상태가 되었으므로 제어 팔레트의 `이 복제본 삭제하기` 블록을 연결하여 복제된 휴지를 삭제해요.

▶ Step9 **도둑이야!!**

❶ 프로그램이 실행되면 도둑의 모습으로 숨어있는 상태에서 시작해요. 이벤트 팔레트의 `🏳 클릭했을 때` 블록과 형태 팔레트의 `모양을 도둑으로 바꾸기` 블록을 연결하고 형태 팔레트의 `숨기기` 블록을 연결해요.

❷ 도둑의 처음 위치를 지정하기 위해서 동작 팔레트의 x: ○ y: ○으로 이동하기 블록을 가져와 무대의 위쪽에서 숨어있도록 `x:138 y:249 으로 이동하기` 블록으로 연결해요.

❸ 도둑은 갑자기 찾아오니까 제어 팔레트의 `○초 기다리기` 블록을 가져오고, 그 안에 연산 팔레트에서 `5부터 10사이의 난수` 블록을 끼워줘요. `5부터 10사이의 난수 초 기다리기`로 바꿔요. 이제 도둑이 나타나도록 형태 팔레트의 `보이기` 블록을 연결해요.

❹ 제어 팔레트의 `20번 반복하기` 블록을 가져와 그 안에 동작 팔레트의 `y좌표를 -10만큼 바꾸기` 블록을 넣어줘요.

❺ 도둑이 나타났다는 신호를 인공지능스피커에게 알려요. 인공지능스피커가 도둑 침입을 말하고 나서 다음 블록을 실행될 수 있도록 이벤트 팔레트의 `도둑 신호 보내고 기다리기` 블록을 연결해요.

❻ 인공지능스피커는 도둑 침입을 알리고 경찰에 신고했으므로 형태 팔레트의 `모양을 잡힘으로 바꾸기` 블록을 연결해줘요.

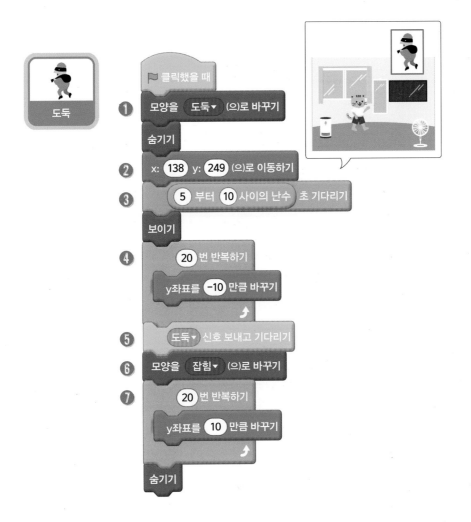

❼ 잡힌 도둑은 위쪽으로 올라가 사라지도록 제어 팔레트의 20번 반복하기 블록을 가져오고 그
안에 동작 팔레트의 y좌표를 10만큼 바꾸기 블록을 넣어줘요. 도둑이 사라지도록 형태 팔레
트의 숨기기 블록을 연결해요.

고양이

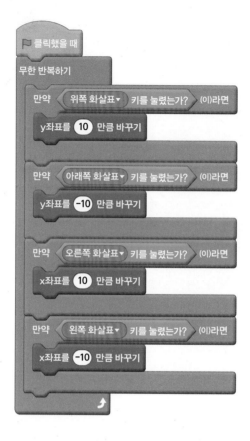

선풍기 날개

```
클릭했을 때
무한 반복하기
  만약  고양이▼ 까지의 거리 < 100  (이)라면
    방향으로 30 도 돌기
```

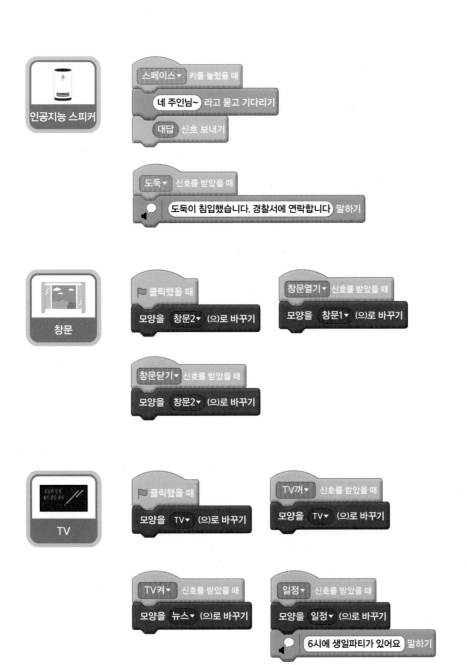

인공지능 스피커

스페이스▼ 키를 눌렀을 때
네 주인님~ 라고 묻고 기다리기
대답 신호 보내기

도둑▼ 신호를 받았을 때
도둑이 침입했습니다. 경찰서에 연락합니다 말하기

창문

클릭했을 때
모양을 창문2▼ (으)로 바꾸기

창문열기▼ 신호를 받았을 때
모양을 창문1▼ (으)로 바꾸기

창문닫기▼ 신호를 받았을 때
모양을 창문2▼ (으)로 바꾸기

TV

클릭했을 때
모양을 TV▼ (으)로 바꾸기

TV꺼▼ 신호를 받았을 때
모양을 TV▼ (으)로 바꾸기

TV켜▼ 신호를 받았을 때
모양을 뉴스▼ (으)로 바꾸기

일정▼ 신호를 받았을 때
모양을 일정▼ (으)로 바꾸기
6시에 생일파티가 있어요 말하기

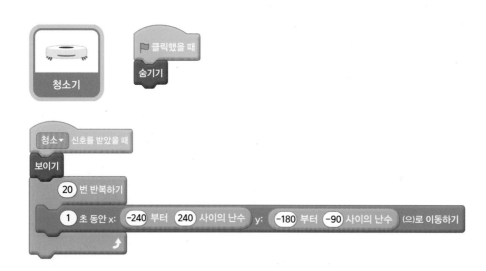

휴지

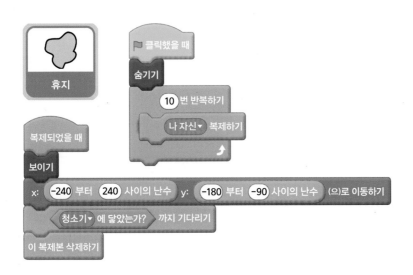

🏳 클릭했을 때

숨기기

10 번 반복하기

나 자신▼ 복제하기

복제되었을 때

보이기

x: -240 부터 240 사이의 난수 y: -180 부터 -90 사이의 난수 (으)로 이동하기

청소기▼ 에 닿았는가? 까지 기다리기

이 복제본 삭제하기

도둑

🏳 클릭했을 때

모양을 도둑▼ (으)로 바꾸기

숨기기

x: 138 y: 249 (으)로 이동하기

5 부터 10 사이의 난수 초 기다리기

보이기

20 번 반복하기

y좌표를 -10 만큼 바꾸기

도둑▼ 신호 보내고 기다리기

모양을 잡힘▼ (으)로 바꾸기

20 번 반복하기

y좌표를 10 만큼 바꾸기

숨기기

인공지능 스피커에게 음악을 들려달라고 해볼까요?

▶ Step1 **음악을 추가해요**

인공지능 스피커 스프라이트를 선택하고 ❶ 소리탭을 클릭해요 ❷ 소리를 추가하기 버튼을 누르면 스크래치에서 제공되는 음악을 고를 수 있어요.

❸ 여러 소리 중에 반복을 누르면 여러 음악리스트가 나와요. ❹ 플레이버튼위에 마우스를 가져다 대면 음악을 미리 들을 수 있어요. ❺ 음악을 고르고 클릭을 하면 ❻ 내 프로젝트에 음악파일이 추가되요. ❼ 코딩탭으로 다시 돌아가요.

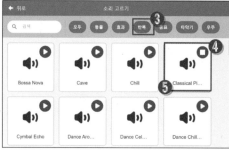

여러분이 멋진 음악 파일(mp3)을 가지고 있다면
소리 업로드하기 버튼으로 파일을 추가할 수 있어요.

❼ 이벤트 팔레트의 메시지1 신호를 받았을 때 블록을 가져와요. 메시지1을 클릭하여 새로운 메시지를 선택해요. '노래'를 입력하여 노래 신호를 받았을 때 블록으로 만들어요.

❽ 소리 팔레트에서 Classical Piano 소리 재생하기 블록을 안에 넣어줘요.

이제 스페이스 키를 눌러서 인공지능 스피커에게 '노래'를 명령하면 음악이 재생되는지 확인해보아요.

+ 융합 지식 정보(과학+예술) +

미래기술에 관심 있는 사람이라면 인공지능에 대해 많이 들어봤을 거예요. 인공지능 세탁기, 청소기, 로봇 등 다양한 기술이 개발되고 있는데요. 인공지능이 그림을 그리고 춤을 추는 일도 가능해요. 예를 들면 인공지능을 활용해 인간의 음악과 고래의 음성을 결합해 새로운 음악을 만들기도 하죠. 이렇게 AI라고 불리는 인공지능을 사용하면 빠르고 어려운 일을 쉽게 할 수 있고 편리한 점이 많지만, 인간의 일자리를 대체해서 실업이 발생하기도 하고 범죄에 악용되는 위험도 있어요.

15 캠핑카, 가족과 함께 캠핑장으로 출발

캠핑은 야외에서 하는 놀이 활동이에요. 1박 이상 도시를 떠나 주로 야영장에서 자연을 즐기게 되는데요. 나무나 금속 뼈대와 천을 이용해서 만든 천막이나 텐트를 만들어 거주할 수 있는 공간을 만들고 시간을 보낼 수 있어요. 코딩으로는 어떻게 표현할 수 있을까요?

❶ 이번 미션은 뭘까?

온가족이 캠핑카를 타고 캠핑장으로 출발! 속도를 높이면 빨리 도착하지만 스쿨존, 동물출현, 속도제한 구간에서는 속도를 지키며 안전하게 캠핑장에 도착해보아요.

시작화면

실행화면

미리보기

❷ 어떻게 해결할 수 있을까?

집에서 출발하면 도로로 바뀌고 일정 거리를 지나면 캠핑장으로 바뀐다.

가족들은 캠핑카를 타고 캠핑장으로 출발한다.

가족들이 모두 탑승하면 캠핑카는 도로를 달린다. 방향키로 속도를 조절한다.

오른쪽에서 나타나서 왼쪽으로 속도에 따라 움직인다.

표지판이 있는 구간에서 과속을 하면 경고표시가 나타난다.

과속을 3회 넘어가면 경찰이 나타난다.

❸ 우리에게 필요한 마법 블록

▶ 나만의 블록 만들기

나무토막이 마술모자에 들어갔다가 나오니 마법지팡이가 짠! 나와요. 이제부터 마술모자 하나만 있으면 필요할 때마다 마법지팡이를 계속 만들어 낼 수 있어요.

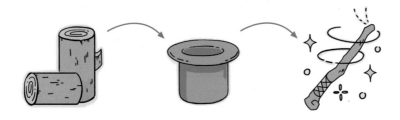

이런 마술 모자를 코딩에서는 **함수**라고 말해요. 자주 사용하는 기능을 다시 사용하거나 복잡한 명령어 코드를 묶어서 단순하게 만들기 위해서 나만의 블록을 사용할 수 있어요. 필요할 때마다 불러와서 사용할 수 있어요.

우리도 나만의 멋진 마술 모자를 만들어 볼까요?

스크래치에서 제공하는 블록 외에 내가 원하는 기능을 하는 나만의 블록을 만들어요.

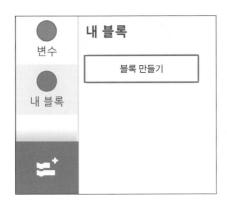

내 블록 팔레트에서 블록만들기를 누르면 블록만들기 창이 나타나요. 블록 이름(예를들면, 마술모자)을 입력하고 확인을 버튼을 누르면 블록이 만들어져요.

새로운 블록 마술모자 블록이 생성되었어요. 이제 이름을 정했으니 이 블록이 어떤 기능을 하는지 만들어 줘야 해요. 오른쪽에 생성된 마술모자 정의하기 블록 아래에 마술모자 블록이 하는 일들을 블록으로 구성할 수 있어요.

❹ 코딩해보자

▶ 재료 준비하기
[파일]메뉴에서 Load from your computer를 클릭하여 15_캠핑카_예제.sb3 파일을 불러와요.

15_캠핑카_예제.sb3

스프라이트

▶ Step1 **무대**

❶ 프로젝트가 집앞에서 시작하도록 배경을 설정해요. 이벤트 팔레트의 🏳클릭했을 때 블록과 형태 팔레트의 배경을 집앞으로 바꾸기 블록을 연결해요.

▶ Step2 **가족들이 캠핑카에 탑승해요.**

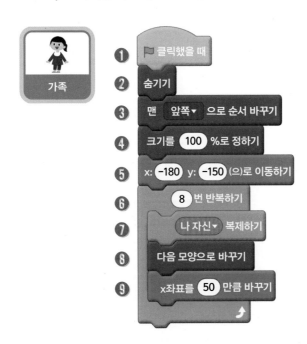

❶ 가족스프라이트의 각 모양에는 가족 구성원들, 가방, 캐리어가 있어요. 하나의 스프라이트로 여러 캐릭터를 나열해보아요. 이벤트 팔레트의 🏳클릭했을 때 블록을 가져와요.

❷ 형태 팔레트의 숨기기 블록을 연결해요. 원본 스프라이트는 숨기고 복제된 스프라이트가 보여지도록 코딩해요.

❸ 다른 스프라이트에 가려지지 않도록 형태 팔레트의 맨 앞쪽으로 순서바꾸기 블록을 연결해요.

❹ 복제하면서 크기가 줄어들기 때문에 처음에는 원래 크기로 시작해요. 형태 팔레트의 크기를 100%로 정하기 블록을 연결해줘요.

❺ 구성원들이 나란히 서있도록 시작 위치를 정해줘요. 동작 팔레트의 x:○ y:○으로 이동하기 블록을 가져와 x:-180 y:-150 으로 이동하기 블록으로 바꾸고 연결해줘요.

❻ 캠핑카에 탑승할 캐릭터는 총 8개이므로 제어 팔레트에서 10번반복하기 블록을 가져와 8번 반복하기 로 바꿔서 연결해요.

❼ 8번 반복하기 블록 안에 제어 팔레트의 나자신 복제하기 블록을 넣어줘요.

❽ 다른 모양(가족구성원)으로 바꿔서 복제하기 위해 형태 팔레트의 다음 모양으로 바꾸기 블록을 연결해요.

❾ 복제된 스프라이트의 위치가 겹치지 않고 옆으로 나란히 복제되어 나타날 수 있도록 동작 팔레트의 x좌표를 50만큼 바꾸기 블록을 연결해요.

❿ 복제된 스프라이트가 할 일들을 코딩하기 위해 제어 팔레트의 복제되었을 때 블록을 가져와요.

⓫ 원본이 숨겨진 상태이지만 복제되는 스프라이트는 보이도록 형태 팔레트의 보이기 블록을 연결해요.

⓬ 복제본이 클릭되었는지 계속 체크하기 위해 제어 팔레트의 무한 반복하기 블록을 가져와요.

⓭ 제어 팔레트의 만약~라면 블록을 가져와서 무한 반복하기 블록 안에 넣어줘요.

⓮ 복제본을 클릭했는지 체크하기 위해서 연산 팔레트의 ○그리고○ 블록을 가져와 첫 번째 칸에 감지 팔레트의 마우스를 클릭했는가 블록을 넣어줘요.

⓯ ○그리고○ 블록의 두 번째 칸에 감지 팔레트의 마우스 포인터에 닿았는가 블록을 넣어줘요.

⓰ 완성된 마우스를 클릭했는가 그리고 마우스 포인터에 닿았는가 블록을 ⓭의 만약~라면 조건 칸에 넣어줘요.

⓱ 클릭된 복제본은 캠핑카를 향해 바라보도록 동작 팔레트의 마우스 포인터 쪽 보기 블록을 가져와 '마우스 포인터'를 눌러 캠핑카 쪽 보기 블록으로 바꾸고 만약~라면 블록 안에 넣어줘요.

⓲ 캠핑카를 향해서 가는 모습을 표현해보아요. 이동하면서 점점 작아지도록 제어 팔레트의 20 번 반복하기 블록을 가져와요.

⓳ 20번 반복하기 블록 안에 동작 팔레트의 10만큼 움직이기 를 연결해요.

⓴ 10만큼 움직이기 블록 아래에 형태 팔레트의 크기를 -5만큼 바꾸기 를 연결해서 점점 움직일 때마다 조금씩 작아지도록 코딩해요.

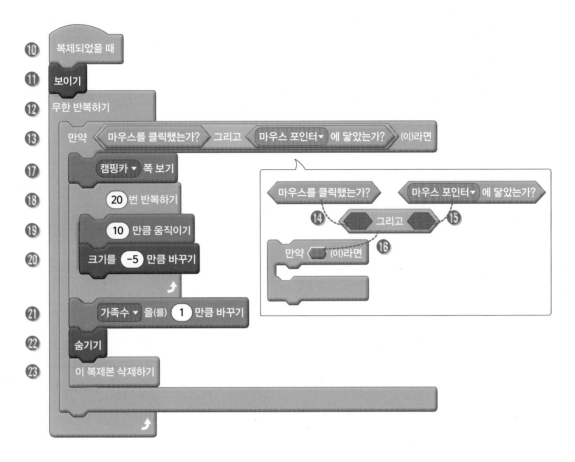

㉑ 가족 스프라이트의 복제본이 캠핑카에 모두 탑승했는지 체크하기 위해서 가족수라는 변수를 만들어요. 변수 팔레트의 변수 만들기를 눌러 '가족수'라는 변수를 만들고 가족수 블록 앞 체크는 해제해요. 변수 팔레트의 가족수를 1만큼 바꾸기 블록을 20번 반복하기 블록이 끝난 아래에 연결해요.

㉒ 탑승했으니 보이지 않도록 형태 팔레트의 숨기기 블록을 연결해요.

㉓ 제어 팔레트의 이 복제본 삭제하기 블록을 연결해요.

㉔ 도착하게 되면 가족들이 캠핑장에서 모습을 보이도록 코딩해요. 이벤트 팔레트의 메시지1 신호를 받았을 때 블록을 가져와 새로운 메시지를 선택해서 '도착'을 입력하여 도착 신호를 받았을 때 블록으로 바꿔줘요. 아래의 블록들은 ❷~❾까지 코딩이 동일해요.

▶ Step3 **동일한 코드블록들을 내 블록으로 만들어보아요**

Step2에서 작성된 코드블록에서 🏴 클릭했을 때 블록과 도착 신호를 받았을 때 블록의 코드내용이 동일해요. 이 코드를 내 블록으로 만들어서 사용해보아요.

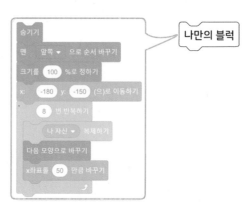

▶ 내 블록 만들기

내 블록 팔레트를 클릭하여 블록 만들기 버튼을 클릭해요. 블록 만들기 창에서 블록이름 난에 '캐릭터 이동하기'를 입력하고 확인 버튼을 눌러요. 스크립트 창에 캐릭터 이동하기 정의하기 블록이 나타나요. 내 블록 팔레트에는 캐릭터 이동하기 블록이 보여요.

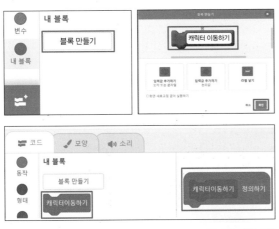

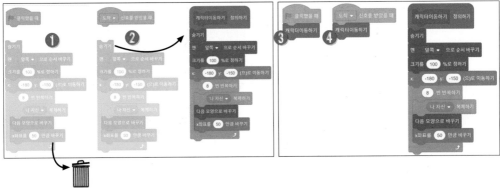

❶ 클릭했을 때 아래에 있는 블록들을 분리해서 삭제해요.

❷ 도착 신호를 받았을 때 아래에 있는 블록을 분리해서 캐릭터 이동하기 정의하기 블록 아래에 옮겨줘요.

❸ 내 블록 팔레트에서 캐릭터 이동하기 블록을 가져와 클릭했을 때 블록 아래에 연결해요.

❹ 내 블록 팔레트에서 캐릭터 이동하기 블록을 하나 더 가져와서 도착 신호를 받았을 때 블록 아래에 연결해요.

이제 캐릭터이동하기 블록을 정의하고 사용함으로써 반복되는 부분을 간결하게 처리할 수 있게 되었어요.

▶ Step4 캠핑카의 출발과 도착

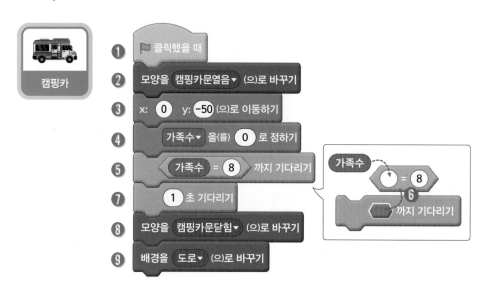

❶ 프로젝트가 시작되면 캠핑카는 문이 열린 채 가족들이 타길 기다려요. 이벤트 팔레트의 🏳를
클릭했을 때 블록을 가져와요.

❷ 캠핑카는 문이 열린모습으로 시작해요. 형태 팔레트의 모양을 캠핑카문열음으로 바꾸기 블록
을 연결해요.

❸ 캠핑카의 위치를 지정해요. 동작 팔레트의 x:○ y:○으로 이동하기 블록을 가져와 x:0 y:-50
으로 이동하기 블록으로 바꿔서 연결해요.

❹ 캠핑카에 아직 아무도 탑승하지 않았으므로 변수 팔레트의 가족수를 0으로 정하기 블록을 연
결해요.

❺ 가족이 모두 다 타길 기다려요. 제어 팔레트의 ~까지 기다리기 블록을 연결해요.

❻ 탑승해야 할 가족은 6명이고 가방과 캐리어까지 합하여 가족수가 8인지 체크해요. 연산 팔레
트의 ○=○ 블록을 가져오고 첫 번째 칸에 변수 팔레트의 가족수 를 가져와 연결해요. 두 번
째 칸에 8을 입력해요. 완성된 가족수 = 8 블록을 ~까지 기다리기 블록의 조건 칸에 넣어
줘요.

❼ 모두 탑승이 된 후 잠깐 기다렸다 출발해요. 제어 팔레트의 1초 기다리기 블록을 연결해요.

❽ 이제 캠핑카는 문을 닫은 모양으로 바꿔요. 형태 팔레트의 모양을 캠핑카문닫힘으로 바꾸기 블록을 연결해요.

❾ 캠핑카가 도로 위에 있도록 형태 팔레트에서 배경을 도로로 바꾸기 블록을 가져와 연결해요.

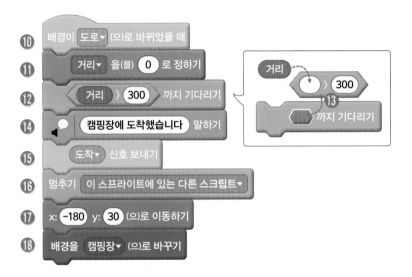

❿ 이제 배경이 도로로 바뀌게 되면 캠핑카 스프라이트는 캠핑장에 도착하기 전까지 기다려요. 이벤트 팔레트의 배경이 도로로 바뀌었을 때 블록을 가져와요.

⓫ 변수 팔레트에서 변수 만들기를 클릭하여 거리 변수를 만들어요. 거리를 0으로 정하기 블록을 가져와 연결해요.

⓬ 캠핑장에 도착할 때까지 기다리기 위해서 제어 팔레트의 ~까지 기다리기 블록을 연결해요.

⓭ 연산 팔레트의 ○>○ 블록을 가져와 첫 번째 칸에 변수 팔레트의 거리를 넣어주고, 두 번째 칸에 300을 입력해요. 거리 > 300 블록을 ~까지 기다리기 블록 안에 넣어줘요.

⓮ 확장 기능 추가하기 버튼을 눌러서 텍스트 음성 변환 기능을 추가해요. Text to Speech 팔레트에서 안녕 말하기 블록을 가져와 연결하고 '캠핑장에 도착했습니다' 말하기 블록으로 바꿔서 연결해요.

스마트룸에서 설명했던 **TTS기능 추가하기**를 참고해요. (231쪽)

⓯ 도착신호를 보내요. 이벤트 팔레트에서 메시지1 신호 보내기 블록을 가져와 도착 신호 보내기 블록으로 바꿔서 연결해요.

⓰ 도착했으므로 캠핑카의 다른 코드가 멈추도록 제어 팔레트의 멈추기 이 스프라이트에 있는 다른 스크립트 블록을 연결해요.

⓱ 캠핑장에서 나타나게 되는 캠핑카 위치를 지정해줘요. 동작 팔레트의 x:○ y:○으로 이동하기 블록을 가져와 x:-180 y:30으로 이동하기 블록으로 바꿔서 연결해요.

⓲ 형태 팔레트에서 배경을 캠핑장으로 바꾸기 블록을 연결해요.

▶ Step5 **캠핑카를 운전해요.**

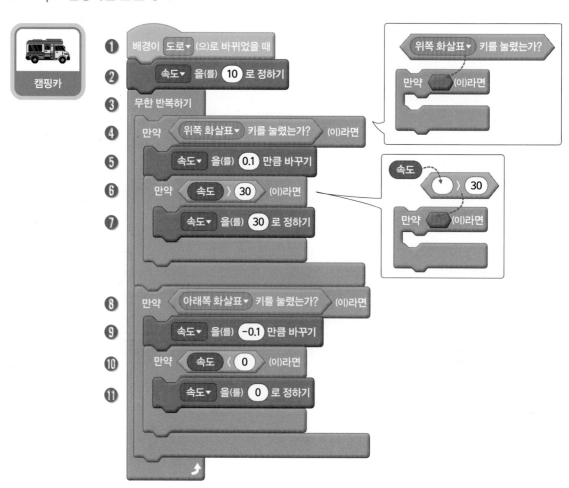

참고

캠핑카는 위쪽 화살표 키와 아래쪽 화살표 키로 속도를 조절을 해요. 캠핑카를 운전하는 것처럼 보이지만 실제로는 다른 자동차, 나무, 표지판이 움직여서 **착시효과**로 캠핑카도 움직이는 것처럼 보인답니다.

❶ 이벤트 팔레트에서 `배경이 도로로 바뀌었을 때` 블록을 가져와요.

❷ 도로 위에서 캠핑카의 기본 속도를 10으로 정해요. 변수 팔레트에서 변수 만들기를 클릭하여 속도 변수를 만들어요. `속도를 10으로 정하기` 블록을 가져와 연결해요.

❸ 화살표 키에 따라서 속도를 조절할 것이므로 키가 눌려졌는지 체크하기 위해서 제어 팔레트의 `무한 반복하기` 블록을 가져와서 연결해요. 무한 반복하기 안에는 위쪽 화살표를 눌렀을 때의 코드와 아래쪽 화살표를 눌렀을 때의 코드 두부분으로 나뉘어요.

❹ 제어 팔레트의 `만약 ~라면` 블록을 가져오고 감지 팔레트의 스페이스 키를 눌렀는가 블록을 가져와 `위쪽 화살표 키를 눌렀는가` 블록으로 바꾸어 조건 칸에 넣어줘요.

❺ 변수 팔레트에서 `속도를 0.1만큼 바꾸기` 블록을 `만약 위쪽 화살표 키를 눌렀는가 라면` 블록 안에 넣어줘요.

❻ 캠핑카의 제한 속도를 설정해줘요. 만약 속도가 30을 넘으면 속도를 30으로 설정해줘요. 제어 팔레트의 `만약 ~라면` 블록을 ❺번 블록아래에 넣어줘요. 연산 팔레트의 `○>○` 블록을 가져와 첫 번째 칸에는 변수 팔레트의 속도를 넣어주고, 두 번째 칸에는 30을 넣어서 `속도 >30` 블록을 만들어 `만약 ~라면` 의 조건 칸에 넣어줘요.

❼ `만약 속도 >30 라면` 의 블록 안에 변수 팔레트의 `속도를 30으로 정하기` 블록을 넣어줘요.

❽ 이번에는 속도를 내릴 경우를 코딩해요. 제어 팔레트의 `만약 ~라면` 블록을 가져오고 조건 칸에 감지 팔레트의 스페이스 키를 눌렀는가 블록을 가져와 `아래쪽 화살표 키를 눌렀는가` 블록으로 넣어줘요.

❾ `만약 아래쪽 화살표 키를 눌렀는가 라면` 블록 안에 속도를 조금씩 줄여줘요. 변수 팔레트의 `속도를 -0.1만큼 바꾸기` 블록을 연결해요.

❿ 만약 속도를 낮추다가 0보다 작아질 경우 속도를 0으로 설정해 줘요. 제어 팔레트의 `만약 ~라면` 블록을 가져와요. 연산 팔레트의 `○<○` 블록을 가져와 첫 번째 칸에는 변수 팔레트의 속도를 넣어주고, 두 번째 칸에는 0을 넣어서 `속도 < 0` 블록을 `만약 ~라면` 조건 칸에 넣어줘요.

⓫ `만약 속도 < 0 라면` 블록 안에 변수 팔레트의 `속도를 0으로 정하기` 블록을 넣어줘요.

▶ Step6 **도로위를 달리는 자동차**

❶ 도로위의 다른 자동차들을 표현해요. 이벤트 팔레트의 🏳클릭했을 때 블록을 가져와요.

❷ 프로젝트가 시작할 때는 자동차들은 보이지 않도록 형태 팔레트의 숨기기 블록을 연결해요.

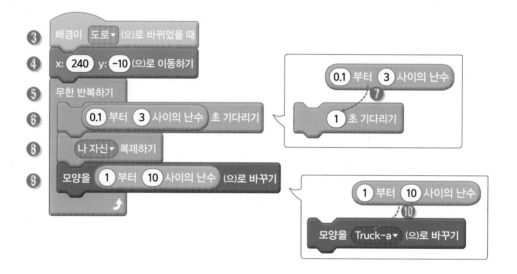

❸ 이벤트 팔레트의 배경이 도로로 바뀌었을 때 블록을 가져와요.

❹ 자동차의 위치를 오른쪽 끝 도로에서 시작하도록 위치를 지정해요. 동작 팔레트의 x:○ y:○으로 이동하기 블록을 가져와 x:240 y:-10으로 이동하기 블록으로 바꿔서 연결해요.

❺ 자동차 여러 대를 나타내기 위해서 계속해서 복제본을 만들어 내려고 해요. 제어 팔레트의 무한 반복하기 블록을 가져와요.

❻ 제어 팔레트의 1초 기다리기 블록을 가져와요.

❼ 자동차가 랜덤 시간간격으로 나타나도록 연산 팔레트의 1부터 10사이의 난수 블록을 가져와 0.1부터 3사이의 난수 블록으로 바꿔서 1초 칸에 넣어줘요.

❽ 이제 자동차가 복제 되도록 제어 팔레트의 `나자신 복제하기` 블록을 연결해요.

❾ 다양한 자동차가 랜덤으로 나오도록 형태 팔레트의 `모양을 Truck-a으로 바꾸기` 블록을 가져와요.

❿ 연산 팔레트의 `1부터 10사이의 난수` 블록을 가져와 Truck-a 칸에 넣어서 `모양을 1부터 10사이의 난수 로 바꾸기` 블록으로 만들어 연결해줘요. 자동차 스프라이트는 10가지의 모양을 가지므로 1부터 10사이 중에 랜덤으로 다양한 자동차의 모양이 복제 되어요.

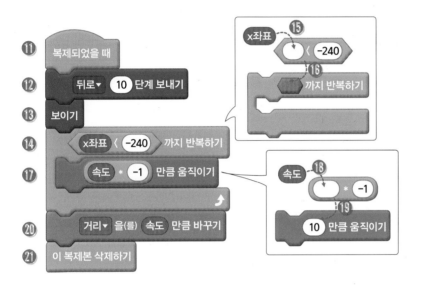

⓫ 이제 복제된 자동차가 할일들을 코딩해요. 제어 팔레트의 `복제되었을 때` 블록을 가져와요.

⓬ 자동차는 캠핑카보다 뒤쪽에 나타므로 형태 팔레트의 `뒤로 10단계 보내기` 블록을 연결해요.

⓭ 원본 스프라이트가 숨기기로 설정되어 있으므로 복제본도 숨겨진 상태에요. 복제본은 화면에 나타나야 하므로 형태 팔레트의 `보이기` 블록을 연결해요.

⓮ 자동차는 원본이 있는 오른쪽위치에서 나타나 왼쪽 끝까지 움직이려고 해요. 제어 팔레트의 `~까지 반복하기` 블록을 연결해요.

⓯ 연산 팔레트의 `○<○` 블록을 가져와 첫 번째 칸에는 동작 팔레트의 `x좌표` 블록을 넣고, 두 번째 칸에는 `-240` (왼쪽 끝 위치)을 넣어줘요.

⓰ `x좌표 < -240` 블록을 `~까지 반복하기` 블록의 조건 칸에 넣어줘요.

⓱ `x좌표 < -240 까지 반복하기` 블록 안에 자동차를 속도에 따라 왼쪽으로 옮기는 코드를 넣어줘요. 동작 팔레트의 `10만큼 움직이기` 블록을 넣어줘요.

❶❽ 연산 팔레트의 `○*○` 블록을 가져와 첫 번째 칸에는 변수 팔레트의 `속도` 블록을 넣고, 두 번째 칸에는 `-1` 을 입력해요. 속도는 증가하지만 움직이는 방향은 오른쪽에서 왼쪽 방향으로 움직이므로 음수로 변환해야 해요.

❶❾ `속도 *-1` 블록을 `10만큼 움직이기` 블록의 숫자 자리에 넣어줘요. 캠핑카의 속도가 올라가면 자동차는 왼쪽방향으로 더 빨리 움직이게 되어요.

❷⓿ 변수 팔레트의 `거리를 1만큼 바꾸기` 블록을 가져와 '1' 대신에 변수 팔레트의 `속도` 블록을 연결해 줘요. 자동차가 오른쪽에서 왼쪽으로 이동하게 되면 속도만큼 누적하여 움직인 거리를 계산하기로 해요.

❷❶ 복제된 자동차가 무대의 왼쪽 끝에 오게 되면 그 자동차는 삭제를 해줘요. 제어 팔레트에 `이 복제본 삭제하기` 블록을 연결해줘요.

❷❷ `도착▼ 신호를 받았을 때`

❷❸ `멈추기 이 스프라이트에 있는 다른 스크립트▼`

❷❹ `숨기기`

❷❷ 캠핑장에 도착하게 되면 자동차는 보이지 않도록 해요. 이벤트 팔레트의 `도착신호를 받았을 때` 블록을 가져와요.

❷❸ 제어 팔레트의 `멈추기 이 스프라이트에 있는 다른 스크립트` 블록을 연결해서 자동차가 복제되고 움직이는 코드를 멈추게 해요.

❷❹ 이제 자동차가 보이지 않도록 형태 팔레트의 `숨기기` 블록을 연결해 줘요.

▶ Step7 가로수를 표현해요.

가로수도 자동차처럼 동일하게 오른쪽에서 나타나 왼쪽으로 움직여요. 자동차의 코드 모음들을 복사하여 가로수로 옮겨주어요.

참고

오즈의 마법사의 **강철나무꾼 복사하기**를 참고해요.(158쪽) 자동차의 코드 블록을 드래그하여 가로수 스프라이트 위에 놓아주면 복사할 수 있어요.

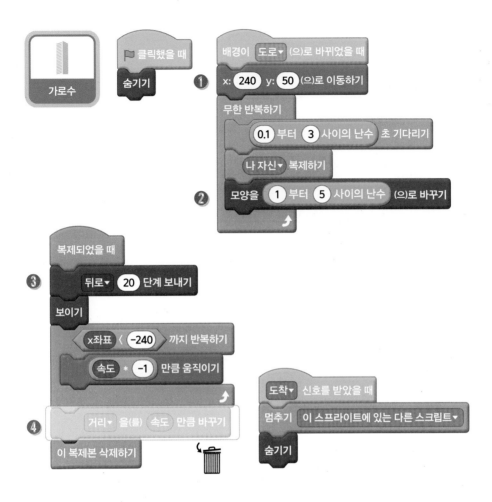

❶ 도로에 가로수와 건물이 나타날 위치를 정해요. <kbd>x:240 y:50으로 이동하기</kbd> 블록으로 수정해요.

❷ 가로수의 모양은 5가지가 있으므로 자동차에서 복사된 코드 중 <kbd>모양을</kbd> <kbd>1부터 10사이의 난수</kbd> <kbd>로 바꾸기</kbd> 블록 <kbd>모양을</kbd> <kbd>1부터 5사이의 난수</kbd> <kbd>로 바꾸기</kbd> 로 수정해요.

❸ 복제 되었을 때 가로수는 자동차보다 더 뒤에 있어야 하므로 뒤로 10단계 보내기 블록을 <kbd>뒤로 20단계 보내기</kbd> 블록으로 수정해요.

❹ 자동차가 거리를 누적하고 있으므로 <kbd>거리를 속도만큼 바꾸기</kbd> 블록은 삭제해요.

▶ Step8 **표지판이 나타나요.**

자동차와 가로수와 같이 표지판도 유사하게 동작해요.

❶ 이벤트 팔레트의 ⚑클릭했을 때 블록을 가져와요.

❷ 속도를 주의해야 하는 구간(스쿨존, 속도제한, 동물출현)에 속도가 너무 빠르면 속도 위반을 체크하는 변수를 만들어요. 변수 팔레트에서 변수 만들기를 클릭하여 '과속' 변수를 만들어요. 과속을 0으로 정하기 블록을 가져와요.

❸ 표지판 스프라이트는 처음에는 보이지 않도록 형태 팔레트에서 숨기기 블록을 연결해요.

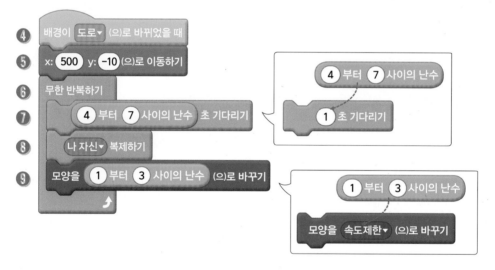

❹ 이벤트 팔레트에서 배경이 도로로 바뀌었을 때 블록을 가져와요.

❺ 표지판의 위치를 무대 오른쪽 먼 곳에서 나타나도록 위치를 지정해요. 동작 팔레트의 x:○ y: ○으로 이동하기 블록을 가져와 x:500 y:-10으로 이동하기 블록으로 바꿔서 연결해요.

❻ 표지판이 모양이 바뀌면서 복제가 되도록 제어 팔레트에서 무한 반복하기 블록을 가져와요.

❼ 랜덤 시간 간격으로 표지판이 생겨나도록 제어 팔레트의 1초 기다리기 블록을 가져와서 무한 반복하기 블록 안에 넣어줘요. 1초 대신에 연산 팔레트의 4부터 7사이의 난수 블록을 넣어줘요.

❽ 제어 팔레트의 나자신 복제하기 블록을 연결해요.

❾ 형태 팔레트의 모양을 속도제한으로 바꾸기 블록을 연결하고, 표지판의 모양이 랜덤으로 나타

나도록 속도제한 칸에 연산 팔레트의 1부터 3사이의 난수 블록을 연결해요.

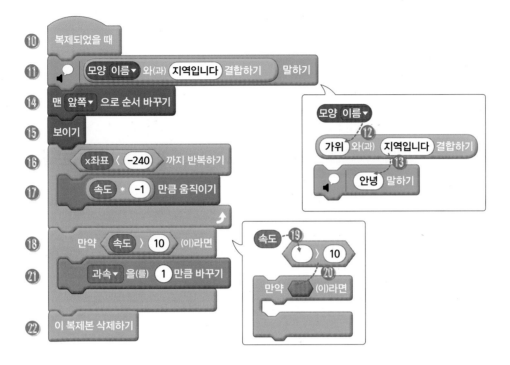

❿ 복제된 표지판이 할 일을 코딩해요. 제어 팔레트에서 복제되었을 때 블록을 가져와요.

⓫ 표지판이 나타날 것을 음성으로 알려주도록 텍스트 음성 변환 기능을 사용해요. Text to Speech 팔레트에서 안녕 말하기 블록을 가져와요.

TTS 기능 추가하기를 참고하여 Text to Speech 확장 블록을 추가해요.(231쪽)

⓬ 연산 팔레트의 가위와 나무 결합하기 블록을 가져와요. 형태 팔레트의 모양이름 블록을 '가위' 부분에 넣고, '나무'에는 '지역입니다' 로 입력해요.

⓭ 모양이름 과 지역입니다 결합하기 블록을 안녕 말하기 블록의 '안녕' 부분에 넣어줘요.

⓮ 표지판이 다른 스프라이트에 가려지지 않도록 형태 팔레트의 맨 앞쪽으로 순서 바꾸기 블록을 연결해요.

⓯ 이제 표지판이 무대에서 보이도록 형태 팔레트의 보이기 블록을 연결해요.

⓰ 표지판은 무대의 오른쪽에서 나타나 왼쪽까지 움직이도록 제어 팔레트의 ~까지 반복하기 블

록을 가져옵니다. 연산 팔레트의 ○<○ 블록과 동작 팔레트의 x좌표 블록을 연결하여 x좌표 ⟨ -240 블록을 조건 칸에 넣어줘요.

⓱ x좌표 ⟨ -240 까지 반복하기 블록 안에 동작 팔레트의 10만큼 움직이기 블록을 연결해요. 연산 팔레트의 ○*○ 블록에서 첫 번째 칸에 변수 팔레트의 속도 블록을 넣고 두 번째 칸에 -1 을 넣어서 속도 *-1 블록을 10 숫자칸에 넣어서 속도만큼 왼쪽으로 움직이도록 코딩해요.

⓲ 속도 제한 표시에도 속도를 위반했는지 체크해요. x좌표 ⟨ -240 까지 반복하기 블록 아래에 제어 팔레트의 만약~라면 블록을 연결해요.

⓳ 속도를 체크하기 위해 연산 팔레트의 ○⟩○ 블록을 가져와요. 변수 팔레트의 속도 블록을 가져와서 ○⟩○ 블록의 첫 번째 칸에 넣어주고 두 번째 칸에 10 을 입력해서 속도⟩10 블록으로 완성해요.

⓴ 만약~라면 블록의 조건 칸에 속도⟩10 블록을 넣어줘요.

㉑ 표지판이 지나갈 때 속도가 10 이상이라면 과속 했음을 체크해요. 변수 팔레트의 과속을 1만큼 바꾸기 블록을 만약 속도⟩10 라면 블록 안에 넣어줘요.

㉒ 제어 팔레트의 이 복제본 삭제하기 블록을 마지막에 연결해줘요.

㉓ 도착▼ 신호를 받았을 때
㉔ 멈추기 이 스프라이트에 있는 다른 스크립트▼
㉕ 숨기기

㉓ 캠핑장에 도착하면 표지판이 더 이상 나타나지 않도록 코딩해요. 이벤트 팔레트의 도착신호를 받았을 때 블록을 가져와요.

㉔ 표지판이 복제되고 움직이는 코드가 실행되지 않도록 제어 팔레트의 멈추기 이 스프라이트에 있는 다른 스크립트 블록을 연결해요.

㉕ 표지판이 보이지 않도록 형태 팔레트에서 숨기기 블록을 가져와 연결해요.

▶ Step9 **속도를 위반하면 경고메시지를 알려줘요**

❶ 과속을 하게 될 때 경고를 표시해요. 경고 스프라이트의 모양은 경고0, 경고1, 경고2, 경고3 모

양들이 경고 받은 수에 따라서 나타나게 코딩해요. 이벤트 팔레트의 ▶클릭했을 때 블록을 가져와요.

❷ 처음에는 과속한상태가 아니므로 형태 팔레트에서 모양을 경고0으로 바꾸기 블록을 연결해요.
❸ 프로젝트가 시작할 때는 보이지 않도록 형태 팔레트의 숨기기 블록을 연결해요.

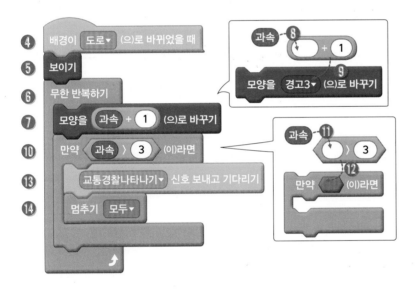

❹ 캠핑카가 도로에 나왔을 때 과속을 했는지 체크해야 해요. 이벤트 팔레트에서 배경이 도로로 바뀌었을 때 블록을 가져와요.
❺ 도로에서는 경고 표시가 보이도록 형태 팔레트에서 보이기 블록을 연결해요. 아직 과속하지 않은 상태이므로 경고0의 모양(아무것도 표시되지 않음)으로 나타나요.
❻ 과속했는지 계속 체크할 수 있도록 제어 팔레트의 무한 반복하기 블록을 가져와요.
❼ 형태 팔레트에서 모양을 경고0으로 바꾸기 블록을 가져와 무한 반복하기 블록 안에 넣어줘요.

과속이 0일 때	과속이 1일 때	과속이 2일 때	과속이 3일 때
모양번호 1	모양번호 2	모양번호 3	모양번호 4
1 경고 0	2 경고 1	3 경고 2	4 경고 3

❽ 연산 팔레트의 `○+○` 블록을 가져와요. 첫 번째 칸에는 변수 팔레트의 `과속` 변수 블록을 가져와서 넣고, 두 번째 칸에는 `1` 을 입력해요.

❾ `과속` `+1` 블록을 ❼의 `모양을 경고0으로 바꾸기` 블록의 경고0 부분에 넣어줘요.

❿ 제어 팔레트의 `만약~라면` 블록을 가져와서 `무한 반복하기` 안에 넣어줘요.

⓫ 연산 팔레트의 `○>○` 블록을 가져와요. 첫 번째 칸에는 변수 팔레트의 `과속` 변수 블록을 가져와서 넣고, 두 번째 칸에는 `3` 을 입력해요.

⓬ `과속 >3` 블록을 `만약~라면` 블록의 조건 칸에 넣어요.

⓭ 과속을 3번 이상 했을 경우 교통경찰이 나타나도록 교통경찰 나타나기 신호를 만들어요.
이벤트 팔레트의 메시지1 신호 보내고 기다리기 블록을 가져와 '교통경찰나타나기'를 입력하여 메시지를 만들어요. `교통경찰나타나기 신호 보내고 기다리기` 블록을 조건문 안에 넣어줘요.

참고

교통경찰나타나기 신호 보내고 기다리기는 교통경찰나타나기를 받았을 때 블록에 연결된 코드블록들이 다 처리 되고 난 후에 다음 블록이 실행되요.

⓮ 교통경찰이 나타나게 되면 프로젝트가 멈추도록 제어 팔레트의 `멈추기 모두` 블록을 연결해요.

⓯ 도착▼ 신호를 받았을 때

⓰ 숨기기

⑮ 이벤트 팔레트의 도착 신호를 받았을 때 블록을 연결해요.

⑯ 캠핑장에 도착하게 되면 경고메시지는 보이지 않도록 형태 팔레트에서 숨기기 블록을 가져와 연결해요.

▶ Step10 **경찰 아저씨가 나타나요**

❶ 속도위반을 3번이상하게 되면 경찰관이 나타나도록 코딩해요. 이벤트 팔레트의 🏁 클릭했을 때 블록을 가져와요.

❷ 처음에는 보이지 않게 형태 팔레트에서 숨기기 블록을 연결해요.

❸ 이벤트 팔레트의 교통경찰나타나기 신호를 받았을 때 블록을 가져와요.

❹ Text to Speech 팔레트에서 안녕 말하기 블록을 가져오고 '안녕' 대신에 '속도를 위반했습니다' 말하기 블록으로 바꿔서 연결해요.

❺ 경찰관의 위치를 지정해줘요. 동작 팔레트의 x:○ y:○으로 이동하기 블록을 가져와 x:150 y:0 으로 이동하기 블록으로 바꿔서 연결해요.

❻ 형태 팔레트의 보이기 블록을 연결해서 경찰이 나타나도록 코딩해요.

271

무대

▶ 클릭했을 때

배경을 집앞▼ (으)로 바꾸기

가족

▶ 클릭했을 때

캐릭터 이동하기

도착▼ 신호를 받았을 때

캐릭터 이동하기

복제되었을 때

보이기

무한 반복하기

만약 마우스를 클릭했는가? 그리고 마우스 포인터▼ 에 닿았는가? (이)라면

캠핑카▼ 쪽 보기

20 번 반복하기

10 만큼 움직이기

크기를 -5 만큼 바꾸기

가족수▼ 을(를) 1 만큼 바꾸기

숨기기

이 복제본 삭제하기

캐릭터 이동하기 정의하기

숨기기

맨 앞쪽▼ 으로 순서 바꾸기

크기를 100 %로 정하기

x: -180 y: -150 (으)로 이동하기

8 번 반복하기

나 자신▼ 복제하기

다음 모양으로 바꾸기

x좌표를 50 만큼 바꾸기

캠핑카

[스크립트 1]

🏁 클릭했을 때

모양을 캠핑카문열음▼ (으)로 바꾸기

x: 0 y: -50 (으)로 이동하기

가족수▼ 을(를) 0 로 정하기

가족수 = 8 까지 기다리기

1 초 기다리기

모양을 캠핑카문닫힘▼ (으)로 바꾸기

배경을 도로▼ (으)로 바꾸기

[스크립트 2]

배경이 도로▼ (으)로 바뀌었을 때

거리▼ 을(를) 0 로 정하기

거리 > 300 까지 기다리기

💬 캠핑장에 도착했습니다 말하기

도착▼ 신호 보내기

멈추기 이 스프라이트에 있는 다른 스크립트▼

x: -180 y: 30 (으)로 이동하기

배경을 캠핑장▼ (으)로 바꾸기

[스크립트 3]

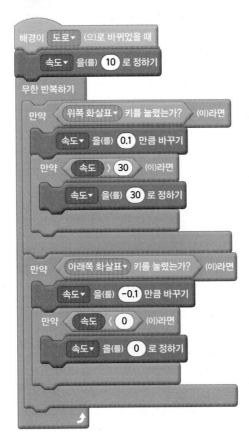

배경이 도로▼ (으)로 바뀌었을 때

속도▼ 을(를) 10 로 정하기

무한 반복하기

　만약 위쪽 화살표▼ 키를 눌렀는가? (이)라면

　　속도▼ 을(를) 0.1 만큼 바꾸기

　　만약 속도 > 30 (이)라면

　　　속도▼ 을(를) 30 로 정하기

　만약 아래쪽 화살표▼ 키를 눌렀는가? (이)라면

　　속도▼ 을(를) -0.1 만큼 바꾸기

　　만약 속도 < 0 (이)라면

　　　속도▼ 을(를) 0 로 정하기

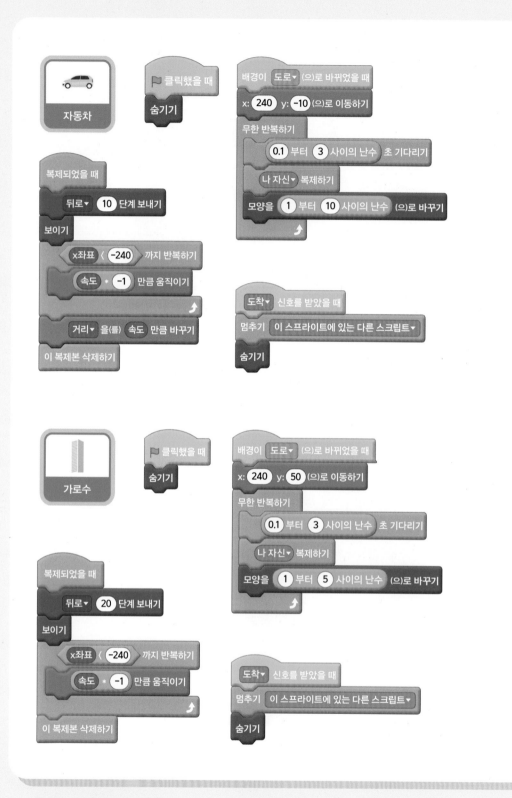

표지판

클릭했을 때
과속▼ 을(를) 0 로 정하기
숨기기

배경이 도로▼ (으)로 바뀌었을 때
x: 500 y: -10 (으)로 이동하기
무한 반복하기
4 부터 7 사이의 난수 초 기다리기
나 자신▼ 복제하기
모양을 1 부터 3 사이의 난수 (으)로 바꾸기

도착▼ 신호를 받았을 때
멈추기 이 스프라이트에 있는 다른 스크립트▼
숨기기

복제되었을 때
모양 이름▼ 와(과) 지역입니다 결합하기 말하기
맨 앞쪽▼ 으로 순서 바꾸기
보이기
x좌표 〈 -240 까지 반복하기
속도 * -1 만큼 움직이기
만약 속도 〉 10 (이)라면
과속▼ 을(를) 1 만큼 바꾸기
이 복제본 삭제하기

경고

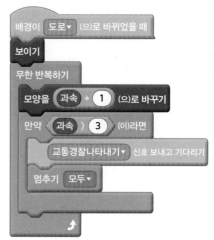

경찰

★꿀마법★

내 블록을 만들어보아요!

캠핑카의 코드 블록들 중 방향키를 이용해서 속도를 올리고, 내리는 코드를 내 블록으로 표현해서 코드를 읽기 쉽게 바꿔 보아요. 위쪽 화살표 키를 눌렀을 때 속도를 증가시키고 속도가 30을 넘지 않도록 처리하는 블록 모음을 내 블록 "속도올리기" 블록으로 만들어보아요. 아래쪽 화살표 키를 눌렀을 때 속도를 감소시키고 속도가 0보다 작게 되지 않도록 처리하는 블록 모음을 내 블록 "속도내리기" 블록으로 만들어보아요.

캠핑카

배경이 도로▼ (으)로 바뀌었을 때

속도▼ 을(를) **10** 로 정하기

무한 반복하기

　만약 〈 위쪽 화살표▼ 키를 눌렀는가? 〉 (이)라면

　　속도▼ 을(를) **0.1** 만큼 바꾸기

　　만약 〈 속도▼ 〉 **30** 〉 (이)라면

　　　속도▼ 을(를) **30** 로 정하기

❶ 속도 올리기

　만약 〈 아래쪽 화살표▼ 키를 눌렀는가? 〉 (이)라면

　　속도▼ 을(를) **-0.1** 만큼 바꾸기

　　만약 〈 속도▼ 〈 **0** 〉 (이)라면

　　　속도▼ 을(를) **0** 로 정하기

❷ 속도 내리기

277

내 블록 팔레트에서 블록 만들기를 클릭하여 블록이름을 '속도올리기'로 입력하고 확인을 눌러요.

동일한 방법으로 내 블록 팔레트에서 블록만들기를 클릭하고 블록이름을 '속도내리기'로 입력하고 확인을 눌러요.

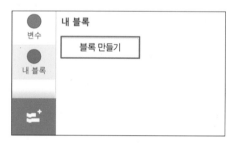  

❸ `속도올리기 정의하기` 블록 아래에 `만약 위쪽 화살표 키를 눌렀는가 라면` 안에 들어있던 블록을 옮겨서 연결해줘요.

❹ 비어있는 `만약 위쪽 화살표 키를 눌렀는가 라면` 블록 아래에 내 블록의 `속도올리기` 블록을 넣어줘요.

❺ `속도내리기 정의하기` 블록 아래에 `만약 아래쪽 화살표 키를 눌렀는가 라면` 안에 들어있던 블록을 옮겨서 연결해줘요.

❻ 비어있는 `만약 아래쪽 화살표 키를 눌렀는가 라면` 블록 아래에 내 블록의 `속도내리기` 블록을 넣어줘요.

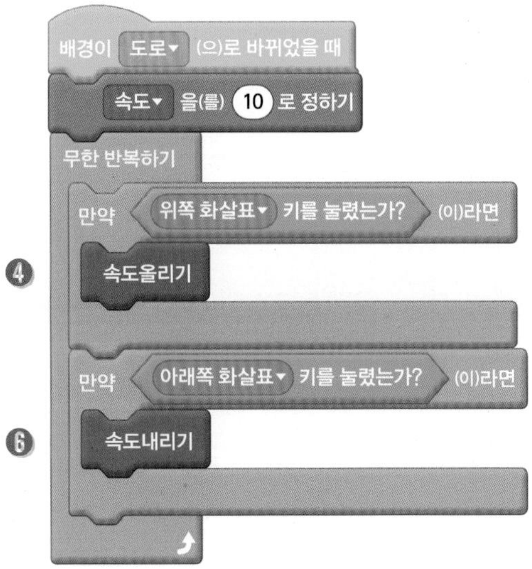

배경이 도로▾ (으)로 바뀌었을 때
속도▾ 을(를) 10 로 정하기
무한 반복하기
❹ 만약 위쪽 화살표▾ 키를 눌렀는가? (이)라면
속도올리기
❻ 만약 아래쪽 화살표▾ 키를 눌렀는가? (이)라면
속도내리기

속도 올리기 정의하기
❸ 속도▾ 을(를) 0.1 만큼 바꾸기
만약 속도 > 30 (이)라면
속도▾ 을(를) 30 로 정하기

속도 내리기 정의하기
❺ 속도▾ 을(를) -0.1 만큼 바꾸기
만약 속도 < 0 (이)라면
속도▾ 을(를) 0 로 정하기

길어진 코드를 이처럼 내 블록으로 바꿔서 간단하게 표현할 수 있어요. 자신만의 블록을 만들어 보세요.

부록

1. 창의미술 활동

미술 활동 설명서

부록에는 본문의 코딩과 스토리의 내용을 좀 더 재미있게 활용할 수 있는 6장의 미술 활동지를 담았어요. 특히 예술 코딩과 연계해서 미술로 창작 활동을 해보는 것은 코딩에 대한 이해도를 높여주고, 코딩 프로그램으로 표현하지 못했던 아이디어와 더 많은 생각의 단초를 확장하는 데 도움을 줍니다. 그림을 소프트웨어 프로그램과 연계해 움직이게 하고 게임도 만들어 보고 애니메이션까지 제작하는 과정을 즐기다 보면, 무한한 상상력을 발휘할 수 있어요. 코딩 교육을 통해 프로그래밍 능력과 문제해결 능력, 논리력을 키울 수 있다면, 미술 활동을 통해서는 창의력과 상상력 그리고 다양한 관점으로 생각할 수 있는 힘을 기를 수 있어요. 재미있는 예술 코딩과 자유로운 미술 활동으로 코딩과 창의력이 어떻게 상호 작용하는지 직접 체험해보세요!

1 〈고흐의 침실〉처럼 내 방 꾸미기

2 마티스, 행복을 담은 조각

3 마그리트처럼 낯설게 하기

4 몬드리안처럼 디자인하기

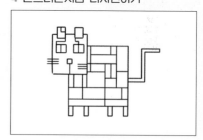

5 캠핑카 팝업카드

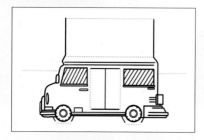

6 내가 디자인하는 우주 여행가방

01

창의미술 활동

〈고흐의 침실〉을 내 방처럼 꾸미기

본문 37쪽 고흐의 침실 코딩 프로그래밍을 하기 전에 미술 활동으로 활용해보세요. 〈고흐의 침실〉 그림은 빈센트 반고흐가 프랑스 아를르 마을에서 살았던 2층 집의 모습이에요. 창문을 통해서, 다음 그림으로 순간이동하는 코딩프로젝트를 아래 그림에서는 창문을 통해 어떤 풍경과 스토리가 이어질지 상상하면서 그려볼까요?

▶ **준비물:** 오일 파스텔 또는 색연필, 가위, 스마트폰

▶ **제작 순서** ❶ 〈고흐의 침실〉 도안지에 그려 넣고 싶은 그림을 스케치(드로잉)한다.

(고흐의 화법, 방식 등으로 표현한다. 예: 물건에 감정, 의미부여 등)

❷ 스케치가 완성되면, 그림을 매직과 색연필로 컬러링한다.

❸ 배경을 색연필이나 오일파스텔로 채색한다.

❹ 창문 부분을 잘라낸다. (*주의 : 학생들은 칼 대신 가위 사용)

❺ 컬러링이 완성되면, 창문 배경을 원하는 장소에서 스마트폰으로 촬영한다.

Tip

매직과 색연필(크레파스) 함께 사용할 경우, 매직 → 색연필 순서로 해요.

창문 밖의 모습을 여러가지 배경으로 촬영하면, 다양한 완성 작품을 만날 수 있어요.

1. 도안에 추가 그림을 그리기

2. 컬러링 작업하기

3. 컬러링 완성하기

4. 창문 틀 잘라내기

5. 창밖을 배경에 두고, 스마트폰으로 촬영하기

6. 스마트폰으로 촬영한 사진이 최종 작품이 됨

02

마티스 행복을 담은 조각

본문 48쪽 마티스의 코딩 프로그래밍을 한 후 미술 활동으로 활용해보아요. 코딩을 하면서 배웠던 마티스 화가가 색종이로 그린 '컷아웃'기법을 직접 체험해볼까요? 마티스 작품에서 많이 나온, 식물, 물고기, 새 모양 등으로 알록달록한 색종이로 자르고 붙이면서 마티스의 작품 세계를 이해해볼까요?

▶ **준비물:** 색종이, 가위, 풀, 컬러링 도구(색연필, 매직 등)

▶ **제작 순서** ❶ 도안지를 준비하고, 마티스의 행복을 담은 조각을 주제로 한 그림을 생각해본다.

❷ 알록달록한 식물, 물고기, 새 모양으로 색종이를 자른다.

❸ 자른 색종이를 도안지 위에 올리고 전체적인 모양을 잡는다.

❹ 자른 색종이를 풀로 붙인다.

❺ 추가로 꾸미고 싶은 글씨를 잘라붙여 완성한다.

Tip

색종이로 다양한 모양으로 잘라 여러 주제로 표현할 수 있어요.

1. 도안에 주제에 맞게 구상하기

2. 다양한 조각으로 색종이를 자른다.

3. 자른 색종이를 전체적인 모양을 잡는다.

4. 자른 색종이를 붙인다.

5. 꾸미고 싶은 글씨를 자르고 붙인다.

6. 완성하기

03

마그리트처럼 낯설게 하기

본문 30쪽 마그리트 프로젝트의 얼굴에서 사과가 커지게 하는 것처럼, 르네 마그리트 화가는 엉뚱한 상상과 생각을 많이 했어요. '데페이즈망' 기법은 '낯설게 하기'라는 뜻으로, 어떤 사물이나 물건이 전혀 어울리지 않는 다른 공간에 배치되어 있어요. 코딩에서 기발한 상상을 하고 표현했다면, 그림에서도 하늘에서 그 무언가 내려오는 상상을 해볼까요?

▶ **준비물:** 연필, 컬러링 도구(색연필, 매직 등)

▶ **제작 순서** ❶ 도안지에 형용사의 단어(기쁜, 신나는, 즐거운, 외로운, 행복한, 무서운 등)를 선택한다.

❷ 선택한 단어로 어떤 주제로 그릴지 생각해본다.

❸ 동일한 소재를 여러 개로 그려 보거나, 다른 소재를 스케치한다.

❹ 스케치한 도안을 색연필 및 매직으로 컬러링한다.

❺ 신사처럼 하늘에서 내려오는 소재들을 추가하거나, 컬러링이 끝나면 완성한다.

Tip

르네 마그리트의 〈골콩드〉원작 그림을 참고해, 신사가 하늘에서 내리는 장면을 다른 소재로 다양하게 그려보고, 채색해보아요.

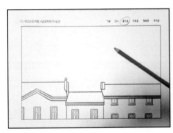
1. 도안에 형용사 단어 선택하기

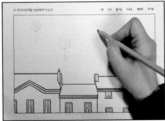
2. 선택한 단어로 주제구상하기

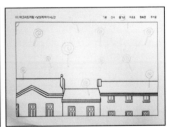
3. 스케치하기

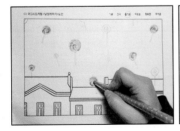
4. 동일한 소재를 여러 개로 그려보기

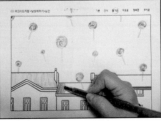
5. 채색하기

6. 완성

04

창의미술 활동

몬드리안 작품 따라하기

피에트 몬드리안은 쉽고 단순한 그림을 그리는 방법을 연구했는데, 직선만으로 그림을 그리는 방법이였어요. 물체를 형태 그대로 그리지 않고, 단순하게 보면서 선과 사각형으로 빨강, 파랑, 노랑, 흰색, 검은색과 굵은 직선만 있다면 누구나 몬드리안처럼 작품을 따라 그릴 수 있어요.

▶ **준비물:** 컬러링 도구(색연필, 매직 등)

▶ **제작 순서**   ❶ 몬드리안 작품 따라하기 도안지를 준비한다.

   ❷ 준비된 도안지를 활용하거나, 뒷면에 다른 다양한 동물 그림을 스케치한다.

   ❸ 몬드리안 그림을 참고해, 컬러링하고 완성한다.

다양한 동물 그림을 빨강, 파랑, 노랑, 흰색, 검은색을 직선과 함께 그려보면 몬드리안처럼 따라 그리기 쉬워요.

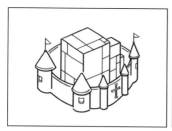

1. 도안 준비하기

2. 빨강, 파랑, 노랑, 검정색으로 컬러링하기_1

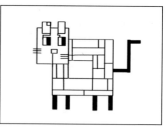

3. 빨강, 파랑, 노랑, 검정색으로 컬러링하기_2

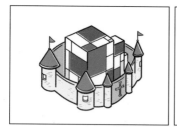

4. 완성하기

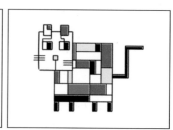

05

내가 디자인하는 우주 여행가방 만들기

본문 199쪽 우주 여행하기 코딩에서 내가 만일 우주 비행사를 구출하기 위해 우주로 가본다면? 코딩 프로그래밍과 미술 활동을 함께 활용해보세요. 우주 여행사를 구출하는 히어로가 되어, 우주로 여정을 떠나야 한다면 어떤 가방이 필요할지 내가 직접 디자인을 해볼까요?

▶ **준비물:** 연필 및 매직 (컬러링 도구)

▶ **제작 순서** ❶ 내가 디자인하는 우주 여행가방 만들기 도안지를 준비한다.

❷ 가방의 여백을 어떻게 디자인할 수 있을지 생각한다.

❸ 부록의 스티커를 활용해 붙인다.

❹ 추가로 그려넣고 싶은 그림을 그리거나 컬러링한다.

Tip

우주 여행가방을 어떻게 디자인을 할지 먼저 생각하고, 스티커를 붙여 주세요.
자신만의 창의적인 방법으로 멋진 가방을 만들어 보아요.

1. 도안지를 준비하고 디자인 생각하기

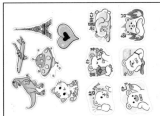

2. 스티커 준비하기

3. 스티커를 가방에 붙이기

4. 색연필이나 매직으로 컬러링하기

5. 자신만의 그림,이름 등 넣기

6. 내가 디자인히는 우주 여행가방 완성

06

캠핑카 팝업카드 만들기

본문 250쪽 캠핑카의 코딩 프로그래밍과 함께 미술 활동으로 활용할 수 있어요. 코딩에서 캠핑카를 타고 캠핑 장소까지의 여정을 보여줬다면, 우리가 타고 온 캠핑카의 모습을 생각하면서 그림을 그리고, 입체적으로 만들어 보면서 코딩의 재미를 더해 볼까요?

▶ **준비물:** 가위, 문구용칼, 딱풀, 컬러링 도구(색연필, 매직 등)

▶ **제작 순서** ❶ 도안지를 준비하고, 캠핑카와 배경 그림을 그려본다.

　　　　　　 ❷ 캠핑카와 배경을 채색한다.

　　　　　　 ❸ 외곽라인을 잘라내고, 캠핑카의 실선과 창문을 잘라낸다.

　　　　　　 ❹ 캠핑카의 점선을 안쪽과 바깥쪽의 모양대로 접는다.

　　　　　　 ❺ 캠핑카 안에 추가로 꾸미고 싶은 그림을 그려넣고 완성한다.

Tip

　　도안을 완성 후, 추가로 그리고 싶은 그림을 그리고 캠핑카 안을 함께 꾸며보세요.

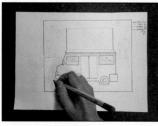
1. 캠핑카 주변 배경에 내가 그리고 싶은 그림 그리기

2. 캠핑카와 배경 도안 채색하기

3. 외곽라인을 잘라내고, 캠핑카의 실선과 창문 자르기

4. 점선을 안쪽&바깥쪽 모양대로 접기

5. 캠핑카 안에 꾸미고 싶은 추가 그림을 그리고 채색하기

6. 추가로 그린 그림을 캠핑카 안에 꾸미기하면 완성

01 〈고흐의 침실〉은 빈센트 반 고흐가 아를르 마을에 정착해 가장 행복했던 순간에 그린 그림으로 강렬한 색채와 두꺼운 붓질로 표현한 것이 특징이에요.

〈고흐의 침실〉 빈센트 반 고흐

※ 빈센트 반 고흐 QR 코드를 찍어보세요. 더 많은 완성 작품 예제를 만날 수 있고,
내가 만든 작품도 패들렛에 업로드 해서 자랑해보세요.

01 빈센트 반 고흐 〈고흐의 침실〉 도안

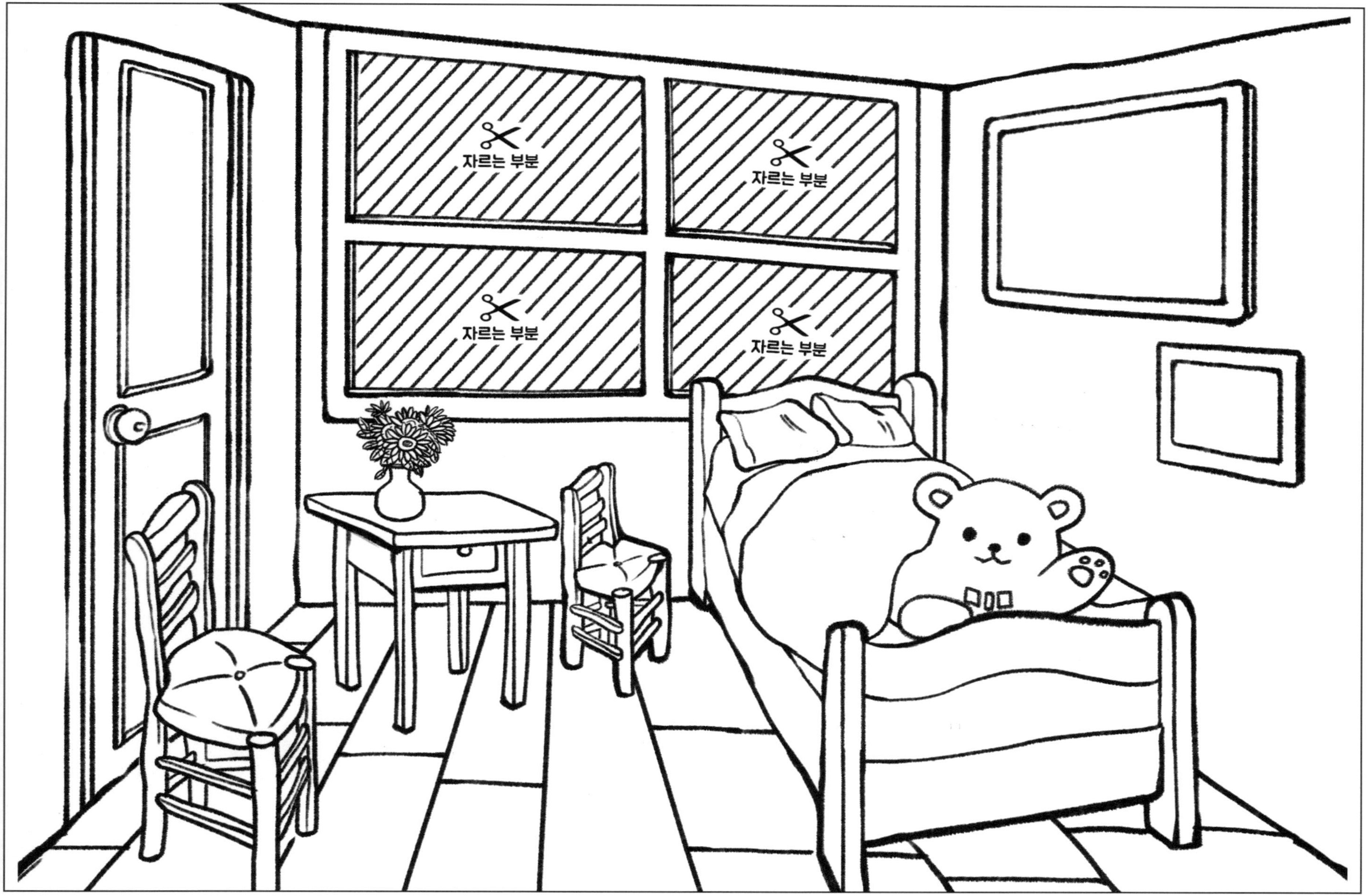

자르는 부분
자르는 부분
자르는 부분
자르는 부분

02 컷아웃 기법?

마티스는 프랑스의 색채 화가로 빨강, 파랑, 초록과 같은 강렬한 색을 좋아했고, 거친 붓질을 특징으로 하는 야수파 작가예요. 72세에 암에 걸려 수술을 받은 후, 그림을 그리는 것이 힘들어진 마티스는 색종이를 사용했어요. 종이를 오리고 붙이는 방법으로 그림을 완성하는 기법을 컷아웃이라고 해요.

〈색종이〉 앙리 마티스

※ 마티스 QR 코드를 찍어보세요. 더 많은 완성 작품 예제를 만날 수 있고, 내가 만든 작품도 패들렛에 업로드 해서 자랑해보세요.

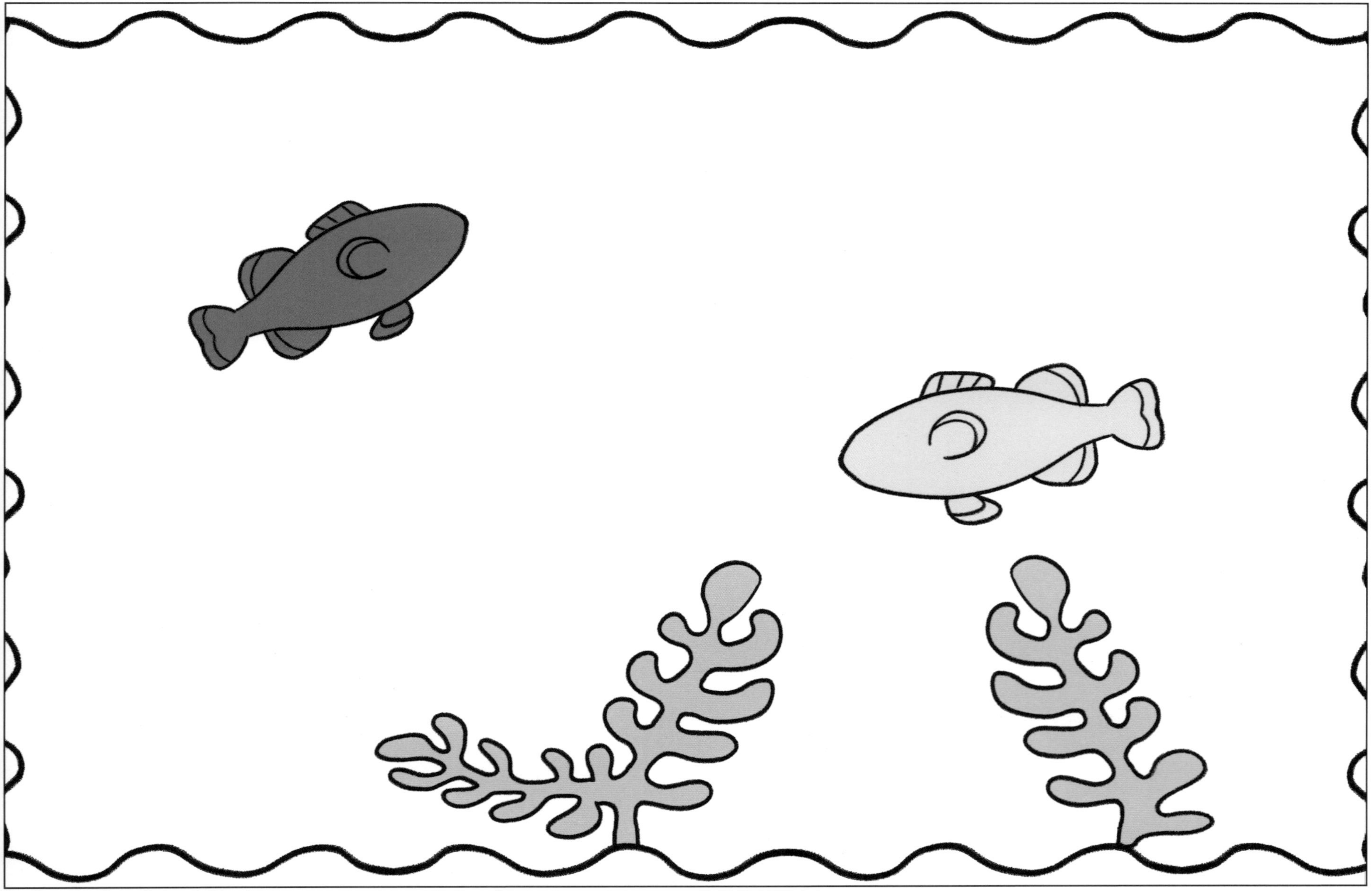

03 **데페이즈망?**

초현실주의에서 쓰이는 말로, 일상적인 관계에서 사물을 추방해 이상한 관계에 두는 것을 뜻해요. 본래의 위치와 기능에서 벗어나서 낯선 공간에 물건이 있는 표현을 의미해요.

〈골콩드〉르네 마그리트

※ 르네 마그리트 QR 코드를 찍어보세요. 더 많은 완성 작품 예제를 만날 수 있고,
내가 만든 작품도 패들렛에 업로드 해서 자랑해보세요.

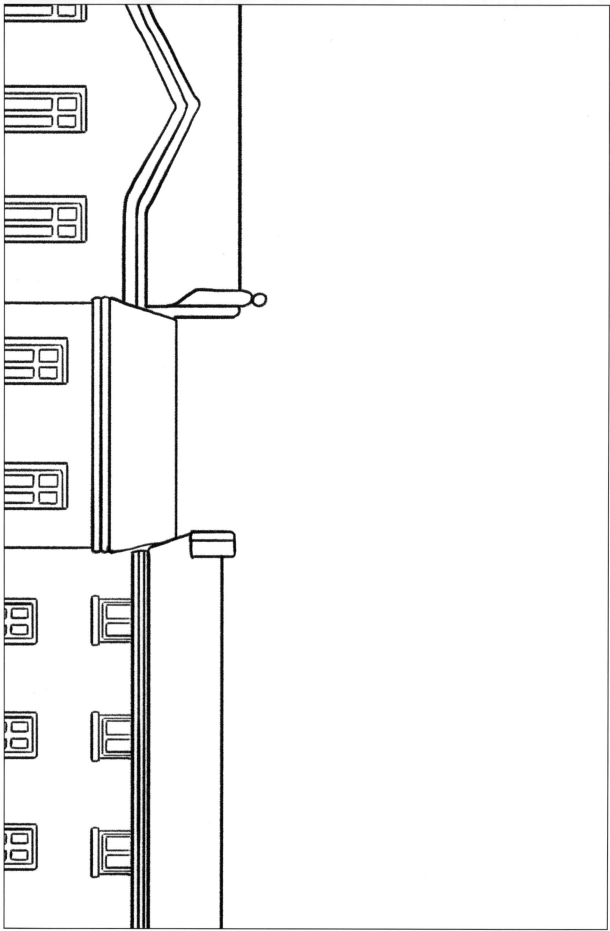

기쁜, 신나는, 즐거운, 외로운, 행복한, 무서운 등 형용사에 알맞은 느낌을 그림으로 표현해 보세요.
예를 들어 행복한 마음이 하늘에서 내려온다면 어떤 모양일지 그려보세요.

04 추상화 기법?

몬드리안은 추상화의 선구자로, '추상화'란 그림을 있는 그대로 그리지 않고, 점이나 선, 면으로 단순화시켜서 그린 그림이예요. 그 방법으로 직선만으로 그림을 그렸기 때문에 누구나 쉽게 그릴 수 있어요.

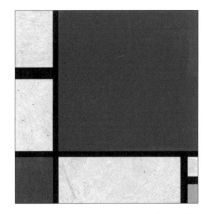

〈빨강, 파랑, 노랑의 구성〉 몬드리안

※ 몬드리안 QR 코드를 찍어보세요. 더 많은 완성 작품 예제를 만날 수 있고,
내가 만든 작품도 패들렛에 업로드 해서 자랑해보세요.

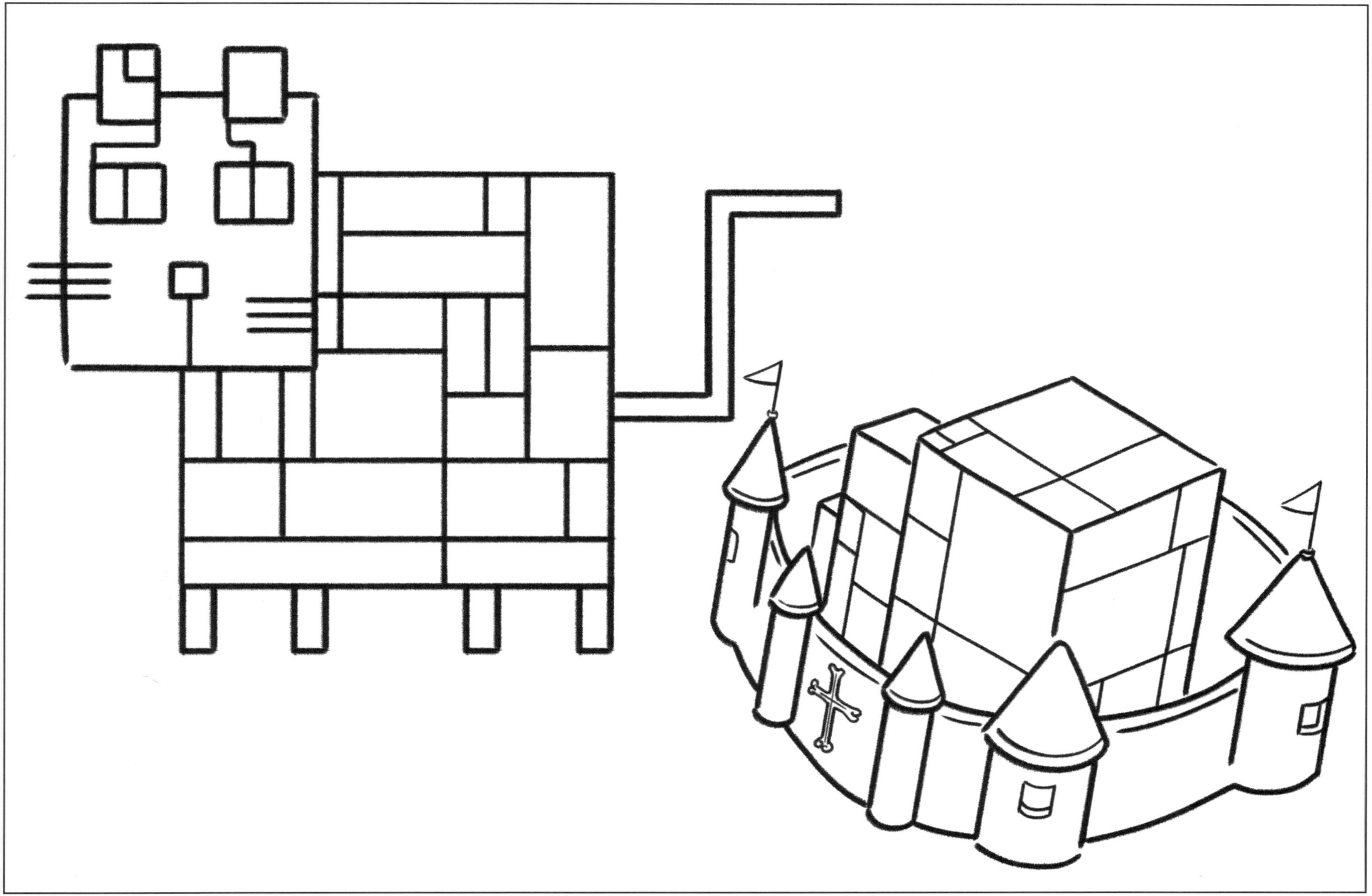

05 우주 여행 일러스트 우주는 크기를 알 수 없을 정도로 무한한 공간이에요. 행성, 별, 은하계 그리고 모든 형태의 물질과 에너지를 포함한 우주의 시공간 속을 여행하는 모습을 상상해보세요.

우주 여행

※ 우주 여행 QR 코드를 찍어보세요. 더 많은 완성 작품 예제를 만날 수 있고,
내가 만든 작품도 패들렛에 업로드 해서 자랑해보세요.

06 산이나 들, 경치 좋은 장소로 캠핑카를 타고 여행을 떠나 자연에서 즐거운 시간을 보내는 모습을 상상해보세요.

캠핑카

※ 캠핑카 QR 코드를 찍어보세요. 더 많은 완성 작품 예제를 만날 수 있고,
내가 만든 작품도 패들렛에 업로드 해서 자랑해보세요.

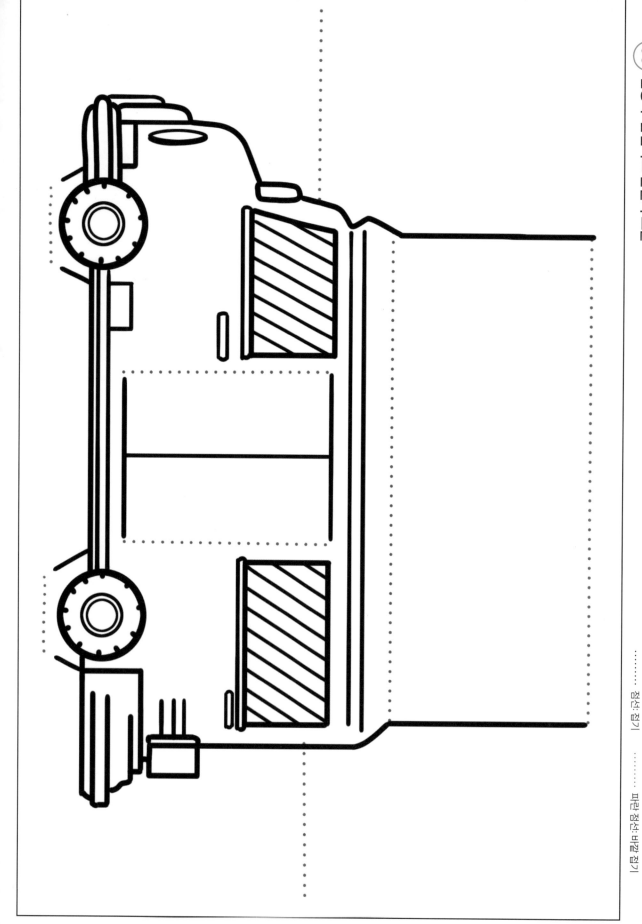

06 캠핑카 팝업카드 만들기 도안

―――― 실선:자르기
‥‥‥‥ 점선:접기

‥‥‥‥ 빨강 점선:안쪽 접기
‥‥‥‥ 파란 점선:바깥 접기

내가 디자인하는 여행가방 스티커

아래 스티커를 오려서 298쪽 가방에 붙여 보거나, 직접 스티커 모양으로 원하는 그림을 그려 보세요.

코딩 자격 시험

1. 코딩 자격 시험이란 ?

코딩 자격 시험은 등록민간 자격으로 컴퓨팅 사고력을 평가하기 위한 자격 시험입니다. 시험을 주관하는 기관은 한국생산성본부, YBM IT, 코딩관련회사 등에서 운영을 합니다. 블록형 언어와 텍스트형 언어를 선택해서 시험을 치르게 되는 데, 블록 코딩은 스크래치, 엔트리에 대한 자격증이며, 높은 수준의 프로그래밍 활용 능력이 있음을 증명합니다.

자격증의 명칭은 SW코딩 자격, 코딩활용능력평가(COS) 등 주관하는 기관마다 명칭이 다를 수 있습니다. 이 책에서는 한국생산성본부에서 주관하는 SW코딩 자격과 YBMIT에서 주관하는 COS(Coding Specialist)에 대한 내용을 소개해 드립니다.

2. 시험안내 및 과목별 평가항목

코딩 시험의 응시 자격 조건은 남녀노소 학력제한 없이 모두 가능합니다. 필기 시험이 없으며 시작부터 종료까지 100% 컴퓨터로 진행되는 시험이므로, 채점도 컴퓨터로 바로 이루어지는 실기형태로만 진행됩니다. 오른쪽 페이지에 정리된 YBM IT 와 한국생산성본부의 평가항목 및 합격기준을 참고하세요.

3. 샘플문제 따라해보기

책의 프로젝트를 따라하다보면 자연스럽게 프로그래밍과 프로그래밍 속에 들어 있는 알고리즘 및 문제해결을 함께 습득할 수 있습니다. 한국 생산성 본부(https://license.kpc.or.kr/)와 YBMIT(https://www.ybmit.com/)에서는 급수별 샘플문제를 제공하고 있습니다. 한국 생산성 본부의 **SW코딩 자격** 시험은 문제해결과 알고리즘, 프로그래밍 언어의 이해와 프로그래밍, 프로그램 구현하기의 세가지 과목으로 나눠져 있는데(급수마다 다를 수 있습니다) 각 과목에서 대표적인 세문제를 샘플 문제로 소개합니다. YBMIT의 **COS 시험**은 프로그래밍 구현 시험으로 두가지 샘플 문제로 소개합니다.

SW코딩 자격

▶ 시험과목 및 합격기준

자격종목	등급	문항 및 시험방법	검정시험형태	합격기준
SW코딩 자격	1급	• 컴퓨팅적 사고력과 알고리즘 • 정보윤리와 정보보안 • 실생활과 IoT • IoT코딩	10문제 / 60분	70점 이상
	2급	• 컴퓨팅적 사고력과 문제해결 • 알고리즘 설계 • 프로그래밍 언어 이해와 프로그래밍 • 피지컬 컴퓨팅 이해	10문제 / 45분	70점 이상
	3급	• 문제해결과 알고리즘 설계 • 기본 프로그래밍	10문제 / 45분	70점 이상

출처: KPC한국생산성본부 공식홈페이지

COS(Coding Specialist)

▶ 시험과목 및 합격기준

자격종목	등급	검정기준	검정시험형태	합격기준
COS (Coding Specialist)	1급 / Advanced	• 화면구현: 화면 구성, IDE 도구활용 • 프로그램구현: 개발 도구의 이해, 변수,리스트,함수,스프라이트 활용,반복문과 조건문, 연산자 활용, 멀티미디어 활용, 소프트웨어 테스트, 공통모듈, 소스코드 검토 및 디버깅, 성능개선, 알고리즘	10문제 / 50분	700점 이상
	2급 / Intemediate	• 화면구현: 화면 구성, IDE 도구활용 • 프로그램구현: 개발 도구의 이해, 변수,리스트,함수,스프라이트 활용,반복문과 조건문, 연산자 활용, 소프트웨어테스트, 공통모듈, 소스코드 검토 및 디버깅, 성능개선, 순서도	10문제 / 50분	600점 이상
	3급 / Basic	• 화면구현: 화면 구성, IDE 도구활용 • 프로그램구현: 개발 도구의 이해, 변수,리스트,함수,스프라이트 활용,반복문과 조건문, 연산자 활용, 난수, 멀티미디어 활용, 스프라이트 제어, 에니메이션 효과, 좌표이해, 소스코드 검토 및 디버깅	10문제 / 40분	600점 이상

출처: YBM IT 공식홈페이지

01

코딩 자격 시험

문제해결과 알고리즘과 설계

1. 노랑이는 대전에 계신 할머니 댁에 가는 방법을 조사하고 있다.
   〈보기〉를 참고하여 〈문제〉의 빈칸을 완성하시오. (10점)

보기

〈할머니 댁에 가는 방법〉

가. 서울역으로 전철을 타고 간다.

나. 대전행 열차표를 예매한다.

다. 대전행 열차에 탄다.

라. 좌석 번호를 확인하고 앉는다.

마. 대전역에 내린다.

바. 마중 나온 삼촌과 할머니댁으로 간다

컴퓨터 사고력 요소

자료수집, 자료분석, 자료표현, 문제분해, 추상화, 알고리즘과 절차화, 자동화, 시뮬레이션, 병렬화

문제

답안 작성 요령: 〈보기〉를 참고하여, 빈칸 1)과 2)를 채워 넣으시오

• 〈컴퓨팅 사고력 요소〉 중 ((1) 알고리즘과 절차화)는(은) 〈할머니 댁에 가는 방법 〉의 가.~ 바.처럼
  외할머니댁에 가는 과정을 순서대로 표현한 것이다.

• 〈컴퓨팅 사고력 요소〉 중 ((2) 추상화)는(은) 〈할머니가는 방법〉의 지하철 노선도처럼 지하철을
  타고 가는 과정을 단순화하여 표현한 것이다.

출처: 한국생산성 본부 SW코딩 자격 3급 샘플문제

정답 및 해설

여기에서 답을 골라요

컴퓨터 사고력 요소

- **자료수집:** 문제를 해결하기 위해 필요한 자료를 모으는 것
- **자료분석:** 자료의 의미를 이해하고, 자료들간의 관계를 파악하는 일
- **자료표현:** 다른 사람이 보기 좋게 표현하는 것
- **문제분해:** 문제를 작은 단위로 나누는 것
- **추상화:** 불필요한 요소를 제거하고 문제의 복잡성을 줄이고 핵심요소만 추출하는 것
- **일고리즘과 절차화:** 문제를 해결하기 위한 단계를 순서로 표현
- **자동화:** 코딩으로 문제해결과정을 작성하기
- **시뮬레이션:** 작성한 프로그램으로 실행하기
- **병렬화:** 문제해결과정을 다른 문제에 적용해보기

컴퓨팅 사고력 요소는..

컴퓨팅 사고력과 알고리즘

1. 정현이는 스마트 콘센트를 구매했다. 〈 보기 〉를 참고하여 〈 문제 〉의 빈칸을 완성하시오. (10점)

조건

매월 1일부터 누적된 전력사용량이 500kWh가 넘으면 LED를 노란색으로 켜고, 1000kWh가 넘으면 LED를 빨간색으로 켜고 필요한 조치를 취할 수 있도록 정해진 휴대폰 번호로 문자를 발송하도록 설정했다.

〈알고리즘〉

가. 전력사용량을 '0'으로 초기화한다.

나. LED를 끈다.

다. 전력사용량이 500kWh 초과인지 확인한다.

라. 정해진 휴대폰번호로 경고 문자를 발송한다.

마. 매월 1일인지 확인한다.

바. LED를 노란색으로 켠다.

사. LED를 빨간색으로 켠다

아. 전력사용량이 1000kWh 초과인지 확인한다.

〈순서도 기호〉

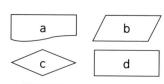

문제

답안 작성 요령: 〈보기〉를 참고하여, 빈칸에 적절한 알고리즘과 순서도 기호를 채워 넣으시오.

예시: (❶ 가 , b)

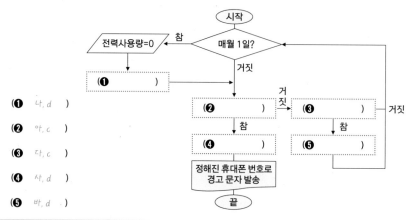

(❶ 나, d)

(❷ 아, c)

(❸ 다, c)

(❹ 사, d)

(❺ 바, d)

출처: 한국생산성 본부 SW코딩 자격 1급 샘플문제

정답 및 해설

❶ 매월 1일이 시작되면 전력사용량=0으로 시작되므로 아직 LED는 꺼져있는 상태에요.

> *LED를 끈다.*

❷ 1일이 아닌경우 전력사용량을 체크해보겠죠. 참과 거짓으로 나뉘어지는 기호를 사용해야 해요.
참일 경우 화살표를 따라가니 '정해진 휴대폰 번호로 경고문자발송'이라는 출력 기호가 있는 것을 볼때
1000kW/h가 넘었을 경우에요. 그러므로 전력사용량 〉 1000kW/h 인지 체크하는 명령이 들어간다는
것을 알수 있어요.

❸ 1000kW/h가 넘지 않았을 때 (거짓) 또 다시 참과 거짓을 묻게 됩니다. 전력사용량 〉 500kW/h 인지 알
아보고 만약 500kW/h를 넘는다면 (참) **❺** LED를 노란색으로 켜주는 처리를 하게 됩니다.

❹ 1000kW/h가 넘었을 경우 (참) LED를 빨간색으로 켜주는 처리를 하게 됩니다.

> *LED를 빨간색으로 켠다.*

참 고

순서도가 뭐죠?

순서도란? 어떠한 일을 처리하는 과정을 순서대로 간단한 기호와 도형으로 그린것을 의미해요.

순서도의 도형은 무엇을 의미하나요?

형태	명칭	설명
⬭	시작/끝	순서도의 처음과 끝을 알려주는 기호
⬡	준비	변수를 선언하거나, 초기값을 설정하는데 사용되는 기호
▭	처리	연산하거나, 데이터 이동, 처리 등 명령의 실행을 표현
◇	선택	프로그램이 실행되는 두 가지 경로 중에 하나를 결정하는 조건에 따른 실행을 나타내는 기호
▱	입력/출력	데이터의 입력과 출력을 나타내는 기호
▭	출력	결과물을 출력하는 기호
▤	반복	동일한 작업을 반복하여 실행하는 기호
⟶	흐름선	실행 순서를 나타내거나 기호들을 연결

03

코딩 자격 시험

프로그래밍 언어 이해와 프로그래밍

1. 로봇에게 음식을 주문하도록, 아래 〈조건〉에 맞게 움직이도록 코딩하시오. (10점)

조건

- 스크래치 프로그램 화면 [블록모음]에서 필요한 블록을 가져다 사용한다.

  (1) ⚑ 버튼을 클릭하면 손님은 x좌표 −125, y좌표 −75에 위치한다.❶ 로봇은 x좌표 −85, y좌표 −17에 위치하며 모양을 로봇_1로 바꾼다.❷ 음식은 모양을 숨기고 로봇 위치로 계속 반복하여 이동한다.❸

- 로봇을 클릭하면 로봇은 주문을 받는다.❹

  (1) 로봇은 "음식을 주문해 주세요.(과자, 샐러드)"를 묻고 대답을 기다린다.❺

  (2) 로봇은 "주문하신 음식이 (대답)맞습니까?"를 합쳐 1초 동안 말한다.❻

  (3) 로봇은 "확인"을 방송한다.❼

- '확인' 방송을 받으면 음식은 모양을 보인다.❽

  (1) 만약(대답)='과자'이면, 음식은 모양을 과자로 바꾸고 '주문'을 방송한다.❾

  (2) 아니면 만일 (대답)='샐러드'이면, 음식은 모양을 샐러드로 바꾸고 '주문'을 방송한다.❿

  (3) 만일 (1)과 (2) 모두 아니면, 음식은 모양을 숨기고 '메뉴없음'을 방송한다.⓫

- '메뉴없음' 방송을 받으면 로봇은 1초를 기다린 후 "메뉴가 없습니다."를 1초 동안 말한다.⓬

- '주문' 방송을 받으면 로봇은 로봇_2로 모양을 바꾼다.⓭ 로봇과 손님은 2초 후 보조테이블 위치로 이동한다.⓮

출처: 한국생산성 본부 SW코딩 자격 2급 샘플문제

정답 및 해설

코딩 자격 시험_예제1.sb3 파일을
다운받아 실습해보아요.

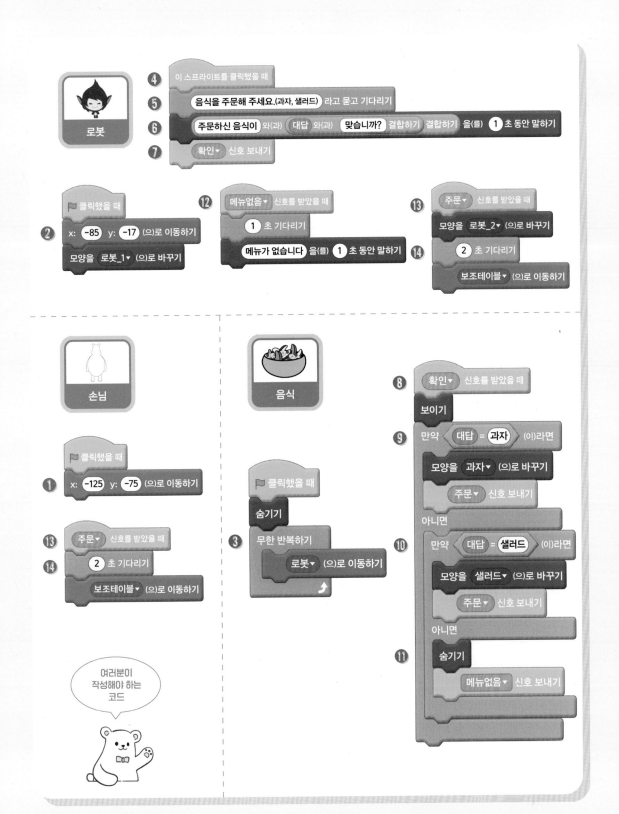

로봇

④ 이 스프라이트를 클릭했을 때
⑤ 음식을 주문해 주세요.(과자, 샐러드) 라고 묻고 기다리기
⑥ 주문하신 음식이 와(과) 대답 와(과) 맞습니까? 결합하기 결합하기 을(를) 1 초 동안 말하기
⑦ 확인▼ 신호 보내기

② 클릭했을 때
x: -85 y: -17 (으)로 이동하기
모양을 로봇_1▼ (으)로 바꾸기

⑫ 메뉴없음▼ 신호를 받았을 때
1 초 기다리기
메뉴가 없습니다 을(를) 1 초 동안 말하기

⑬ 주문▼ 신호를 받았을 때
모양을 로봇_2▼ (으)로 바꾸기
⑭ 2 초 기다리기
보조테이블▼ (으)로 이동하기

손님

① 클릭했을 때
x: -125 y: -75 (으)로 이동하기

⑬ 주문▼ 신호를 받았을 때
⑭ 2 초 기다리기
보조테이블▼ (으)로 이동하기

여러분이
작성해야 하는
코드

음식

클릭했을 때
숨기기
③ 무한 반복하기
로봇▼ (으)로 이동하기

⑧ 확인▼ 신호를 받았을 때
보이기
⑨ 만약 대답 = 과자 (이)라면
모양을 과자▼ (으)로 바꾸기
주문▼ 신호 보내기
아니면
⑩ 만약 대답 = 샐러드 (이)라면
모양을 샐러드▼ (으)로 바꾸기
주문▼ 신호 보내기
아니면
⑪ 숨기기
메뉴없음▼ 신호 보내기

04

코딩 자격 시험

프로그래밍 언어 이해와 프로그래밍

설명	야구공을 던져 인형을 쓰러뜨리는 프로그램입니다.
동작과정	1. ⚑ 클릭하면
	2. 스페이스 키를 누르면 야구공을 던집니다.
	→ 화살표의 방향으로 야구공이 날아갑니다.
	3. 인형이 야구공에 맞으면 쓰러집니다.
	4. 프로그램 종료하기

코딩 스프라이트	야구공

지시사항

▶ ⚑클릭했을 때

다음 지시사항을 순서대로 작성하시오.

1) 스프라이트 크기를 '**70**'%로 정하시오. ❶
2) 스프라이트의 순서를 맨 앞으로 바꾸시오. ❷
3) 스프라이트를 좌표위치 x: '**0**', y: '**-140**'으로 이동하시오. ❸
4) 스프라이트가 '**0**'도 방향 보게 하시오. ❹
5) 스프라이트를 보이게 하시오. ❺

유의사항

• 지시사항에서 설명한 블록만 이용하시오.
• 그렇지 않은 경우 채점되지 않습니다.
• 지시사항 이외의 블록을 변경하였을 경우 "다시풀기" 버튼을 눌러서 초기화 후 문제를 푸시기 바랍니다.

코딩 스프라이트	인형

지시사항

▶ ⚑클릭했을 때

다음 지시사항을 순서대로 '**3**'번 반복하는 코드를 작성하시오. ❻

1) **나 자신**을 복제하게 하시오. ❼
2) 스프라이트를 다음 모양으로 바꾸시오. ❽
3) 스프라이트의 x좌표를 '**-100**'만큼 바꾸시오. ❾

유의사항

• 지시사항에서 설명한 블록만 이용하시오.
• 그렇지 않은 경우 채점되지 않습니다.
• 지시사항 이외의 블록을 변경하였을 경우 "다시풀기" 버튼을 눌러서 초기화 후 문제를 푸시기 바랍니다.

출처 : YBMIT COS 2급 샘플문제

정답 및 해설

코딩 자격 시험_예제2.sb3 파일을 다
운받아 실습해보아요.

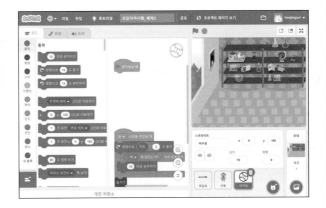

야구공

클릭했을 때

① 크기를 70 %로 정하기
② 맨 앞쪽▼ (으)로 순서 바꾸기
③ x: 0 y: -140 (으)로 이동하기
④ 0 도 방향보기
⑤ 보이기

숫▼ 신호를 받았을 때

방향으로 각도 * 3 도 돌기
벽▼ 에 닿았는가? 까지 기다리기
10 만큼 움직이기

숨기기

인형

클릭했을 때

보이기
x: 100 y: 100 (으)로 이동하기
크기를 50 %로 정하기

⑥ 3 번 반복하기
⑦ 나 자신▼ 복제하기
⑧ 다음 모양으로 바꾸기
⑨ x좌표를 -100 만큼 바꾸기

숨기기

복제되었을 때

야구공▼ 에 닿았는가? 까지 기다리기
방향으로 90 도 돌기

여러분이
작성해야 하는
코드

311

05

프로그래밍 언어 이해와 프로그래밍

설명	피리를 연주하면 항아리에서 뱀이 나오는 프로그램입니다.
동작과정	1. 🚩 클릭하기
	2. 피리를 클릭합니다.
	→ 항아리에서 뱀이 올라옵니다.
	3. 프로그램 종료하기.

코딩 스프라이트	뱀

지시사항

▶ 연주시작 신호를 받았을 때

1) '1'초 동안 좌표위치 x: '0', y: '−5'로 움직이기 하시오.❶

유의사항

• 지시사항에서 설명한 블록만 이용하시오.

코딩 스프라이트	피리

지시사항

▶ 이 스프라이트를 클릭했을 때

다음 지시사항을 순서대로 동작하는 스크립트를 작성하시오.

1) 다음 모양으로 바꾸기 하시오.❷
2) 팝을 재생하기 하시오.❸
3) **연주시작** 메시지를 방송하기 하시오.❹

유의사항

• 지시사항에서 설명한 블록만 이용하시오.

출처 : YBMIT COS 2급 샘플문제

정답 및 해설

코딩 자격 시험_예제3.sb3 파일을 다
운받아 실습해보아요.

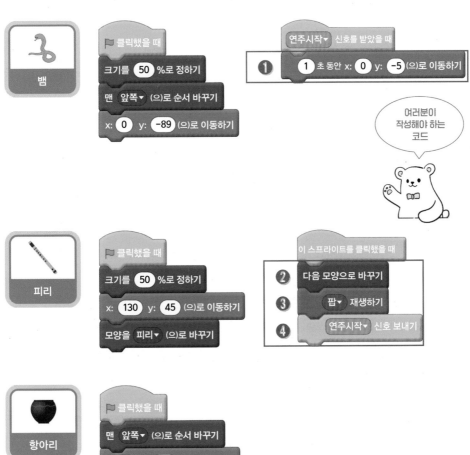

나오며

다양한 컴퓨터 언어 중 스크래치 언어를 기본으로 한 이유는 처음 컴퓨터 언어를 배우는 모든 사람들이 가장 쉽게 접근할 수 있기 때문이에요. **스크래치(SCRATCH)**는 현재 150개국 이상에서 40개의 언어로 전세계에서 사용할 만큼 대중적으로 알려진 교육용 코딩 프로그램이죠. 특히 이미지를 활용한 예술 코딩을 할 때 더욱 도움이 되기도 합니다. 이 책에서는 **스크래치 3.0**의 편리한 사용환경과 블록을 하나 하나씩 쌓아가면서 누구나 쉽게 따라 배울 수 있도록 코딩하는 방법과 과정을 자세하게 담았어요. 무엇보다 입문자의 눈높이에 맞춘 코드 설명은 눈에 쏙쏙 들어오는 예제 그림과 쉬운 글로 이해를 도와주고, 융합지식 코너의 정보들은 사고의 확장을 도와줍니다.

《전지적 코딩 시점》에서는 어려운 코딩(컴퓨터)용어를 최대한 줄였고, 주제의 스토리가 코딩과 자연스럽게 연결되면서 생각하는 방법, 논리적인 사고력을 기르며 문제 해결 능력을 키울 수 있도록 설계했기에 코딩에 대한 흥미를 유발하고 잠재력을 깨우는 데 이 책이 좋은 자극이 될 것입니다. 또한 책의 마지막에는 미술창의력과 상상력을 도와주기 위한 창의미술 프로그램과 코딩 자격증을 위한 실전문제를 소개해 실용적이면서도 학습자에게 재미와 흥미를 줄 수 있게 구성했어요. 특히 책을 보고 혼자 따라하기 어려운 부분은 유튜브와 온라인 강의를 통해 저자와 직접 소통할 수 있도록 준비했습니다.

점점 컴퓨터는 우리 삶에 없어서는 안 될 기기로 자리잡고 있는데요. 이러한 시대를 살아가는 학생들에게 코딩 교육은 필수가 되었지요. 논리력·사고력·창의력 배양에 도움이 되는 코딩은 활용 분야가 많아지면서 코딩 교육의 중요성이 강조되고 있습니다. 그동안 공부해야 할 필요성은 알았지만 힘들고 어렵다는 인식이 강해 외면하거나 피했던 코딩 교육을 맞닥뜨리는 시대가 된 것입니다. 컴퓨터를 제대로 이해하려면 기본적인 코딩 교육이 필요합니다. 코딩은 컴퓨터가 사용하는 언어이기 때문이지요. 컴퓨터 전문가들은 "문제를 해결하기 위해서 필요한 철학적인 사고방식을 컴퓨터에 입력하는 것이 코딩"이라며 "지금은 사회적인 문제나 예술을 하더라도 컴퓨터를 사용하는 시대다. 프로그래머가 되기 위해 코딩을 배우는 게 아니라 컴퓨터를 이용한 문제해결 능력을 키우기 위해 배워야 한다"고 강조하고 있어요. 또한 "코딩에 대한 경험을 일찍부터 갖게 된다면 컴퓨터를 사용한 사고력을 향상시킬 수 있다"고도 하지요.

프로그램을 작성할 때 사용하는 언어는 스크래치 외에도 C, C++, C#, 자바, 파이썬, 자바스크립트 등이 있으며, 만들고자 하는 프로그램의 목적과 기능에 따라 프로그래밍 언어를 선택해 사용해요. 각 언어 특성은 다음과 같습니다.

- **C**: 모든 유형의 컴퓨터 시스템에서 사용할 수 있는 프로그래밍 언어. 자동차, TV, 냉장고, 에어컨, 드론 같은 전자 제품에 사용
- **C++**: C언어의 단점을 보완한 프로그래밍 언어. 고성능 게임, 포토샵, 구글 크롬, 엑셀, 파워포인트 등의 소프트웨어 개발에 사용
- **C#**: C와 Java의 장점을 합친 프로그래밍 언어. 기업용 프로그래밍 언어로 백엔드, 프런트엔드, iOS 앱, 게임 개발에 사용
- **자바(JAVA)**: 객체지향언어로 구현이 쉽고 안정성이 높음. 컴퓨터나 스마트 기기의 소프트웨어, 기업용 웹 애플리케이션, 안드로이드 앱 개발에 사용
- **파이썬(Python)**: 문법이 쉽고 빠르게 개발할 수 있어서 입문 언어로 사용. 데이터처리 인공지능, 정보보완 분야에 많이 사용
- **자바스크립트(JavaScript)**: 웹 페이지를 동작하는 데 사용되는 클라이언트용 스크립트 언어로, 동적인 웹사이트, iOS 앱 개발에 사용

마이크로소프트(MS) 창업자 빌 게이츠는 "코딩에 대한 기본적인 이해력이 비판적인 사고력을 기를 수 있다"고 했는데요. 코딩의 중요성이 커지면서 이를 가르치는 웹사이트도 넘쳐나고 있지만, 예술과 문학 등 인문학적 상상력을 동원하여 프로그래밍을 해보는 자료를 담은 곳은 쉽게 찾을 수가 없습니다. 특히 국내 온오프 서점에서는 아트 코딩, 스토리텔링 코딩을 다룬 도서가 거의 없기 때문에, 이 책에서는 예술과 문학, 과학 분야에서 스토리텔링을 통한 코딩 교육을 통해 학생들의 논리력뿐 아니라 창의력과 문제해결 능력을 키울 수 있도록 돕고자 했습니다. 여러분 모두 《전지적 코딩 시점》을 통해 미래에 살아가는 데 꼭 필요한 경험을 즐길 수 있기를 기대할게요.

2022년
이희진 소정숙 드림

초판 1쇄 2022년 2월 10일 **초판 1쇄 발행** 2022년 2월 20일

지은이 이희진·소정숙
펴낸이 김지은

크리에이티브 디렉터 북베어
일러스트 양민주
경영관리 한정희
마케팅 김도현
디자인 김정연

펴낸곳 자유의 길 **등록번호** 제2017-000167호
홈페이지 https://www.bookbear.co.kr **이메일** bookbear1@naver.com

ISBN 979-11-90529-08-2 (13400)

길은 네트워크 입니다. 자유의 길은 예술과 인문교양 분야에서 사람과 사람,
자유로운 마음과 생각, 매체와 매체를 잇는 콘텐츠를 만듭니다.